"十四五"高等职业教育计算机类专业新形态一体化系列教材

HTML5+CSS3+JavaScript Web前端开发案例教程

千锋教育 / 组　编
陈亚峰 / 主　编
齐英兰　田　芳　程方玉　杨敬伟 / 副主编

中国铁道出版社有限公司

北　京

内容简介

本书采用通俗易懂的语言，使用 HTML、CSS、JavaScript、jQuery 等技术介绍交互式设计的基础内容和核心原理，再通过项目实践应用相关技术，理论与实践相结合，使读者更深刻地理解本书内容。

本书共分 8 个单元，内容包括前端编程基础知识、基本网页特效、增强用户体验、网页事件处理、表单处理、动效布局以及两个实战项目——在线音乐播放器和来享用点餐 App。本书以实用、高效为标准，内容深入浅出、循序渐进，每个单元通过多个案例演示贯穿本单元的技术内容，凭借案例实战提升技能，帮助读者更好地掌握理论层面和技术层面的知识，使读者更深入、快速地应用 Web 前端交互式设计。

本书适合作为高等职业院校各专业"网页设计与制作"课程的教材，也可作为 Web 前端开发人员培训教材，还可作为 Web 开发爱好者的自学用书。

图书在版编目（CIP）数据

HTML5+CSS3+JavaScript Web 前端开发案例教程 / 陈亚峰主编. —北京：中国铁道出版社有限公司，2023.2

"十四五"高等职业教育计算机类专业新形态一体化系列教材

ISBN 978-7-113-29885-2

Ⅰ.①H… Ⅱ.①陈… Ⅲ.①超文本标记语言-程序设计-高等职业教育-教材②网页制作工具-高等职业教育-教材③JAVA 语言-程序设计-高等职业教育-教材 Ⅳ.① TP312.8 ② TP393.092.2

中国版本图书馆 CIP 数据核字（2022）第 247243 号

书　　名：HTML5+CSS3+JavaScript Web 前端开发案例教程

作　　者：陈亚峰

策　　划：韩从付　谢世博　　　　　　　编辑部电话：（010）83525088
责任编辑：翟玉峰　包　宁
编辑助理：谢世博
封面设计：郑春鹏
责任校对：刘　畅
责任印制：樊启鹏

出版发行：中国铁道出版社有限公司（100054，北京市西城区右安门西街 8 号）
网　　址：http://www.tdpress.com/51eds/

印　　刷：三河市国英印务有限公司

版　　次：2023 年 2 月第 1 版　　2023 年 2 月第 1 次印刷
开　　本：787 mm×1 092 mm　1/16　印张：20　字数：512 千
书　　号：ISBN 978-7-113-29885-2
定　　价：58.00 元

版权所有　侵权必究

凡购买铁道版图书，如有印制质量问题，请与本社教材图书营销部联系调换。电话：（010）63550836
打击盗版举报电话：（010）63549461

序

北京千锋互联科技有限公司（简称"千锋教育"）成立于2011年1月，立足于职业教育培训领域，公司现有教育培训、高校服务、企业服务三大业务板块。公司目前已与国内20 000余家IT相关企业建立人才输送合作关系，每年培养泛IT人才近2万人，十年间累计培养超10余万泛IT人才，累计向互联网输出免费学科视频950余套，累计播放量超9 800万余次。每年有数百万名学员接受千锋组织的技术研讨会、技术培训课、网络公开课及免费学科视频等服务。

千锋教育自成立以来一直秉承初心至善、匠心育人的工匠精神，打造学科课程体系和课程内容，高教产品部认真研读国家教育大政方针，在"三教"改革和公司的战略指导下，集公司优质资源编写高校教材，目前已经出版新一代IT技术教材50余种，积极参与高校的专业共建、课程改革项目，将优质资源输送到高校。

党的二十大报告指出"深化教育领域综合改革，加强教材建设和管理"，要以党的二十大精神为引领，加快建设中国特色高水平教材。本次千锋教育和中国铁道出版社有限公司合作，计划出版云计算技术应用、大数据技术、物联网应用技术、人工智能技术应用等专业教材，致力打造精品，将企业项目经验与学校教学理论相结合，为国家和社会培养更多高素质技术技能人才。

高校服务

锋云智慧教辅平台（www.fengyunedu.cn）是千锋教育专为中国高校打造的智慧学习云平台，依托千锋先进的教学资源与服务团队，可为高校师生提供全方位教辅服务，助力学科和专业建设。平台包括视频教程、原创教材、教辅平台、精品课、锋云录等专题栏目，为高校输送教材配套的课程视频、教学素材、教学案例、考试系统等教学辅助资源和工具，并为教师提供样书快递及增值服务。

锋云智慧服务 QQ 群

读者服务

学IT有疑问，就找"千问千知"，这是一个有问必答的IT社区，平台上的专业答疑辅导老师承诺在工作时间3小时内答复您学习IT时遇到的专业问题。读者也可以通过扫描下方的二维码，关注"千问千知"微信公众号，浏览其他学习者在学习中分享的问题和收获。

"千问千知"公众号

资源获取

本书配套资源可添加小千QQ号2133320438或扫下方二维码索取。

小千 QQ 号

千锋教育

2022年10月

前言

当前时代，Web应用已经不再局限于桌面端应用，移动端的Web应用也得到空前发展，这就要求Web应用趋向智能化、大规模个性化体验。Web交互设计远非仅仅负责文字和图片，而是负责创建在屏幕上的所有元素，所有用户可能会触摸、点按或者输入的元素。

本书主要基于HTML、CSS、JavaScript、jQuery等技术编写，通过前端交互式设计实现用户与界面的交互。本书内容架构合理，知识由浅入深，以丰富的案例、完整的项目实践为主要内容，循序渐进地引导读者学习理论层面和技术层面的知识，并加以案例实战演示，帮助读者快速提升前端开发技能。

本书特点

随着时代的发展，计算机早已不仅仅是一个单向提供服务的产品，人与计算机之间的互动至关重要。在前端的交互式设计中，页面或界面会根据用户的行为（如键盘、鼠标、触摸等）进行相应的变化。本书语言通俗易懂，通过实战项目带领读者进入交互式设计的开发。

通过本书你将学习到以下内容：

单元1：主要介绍前端基础知识，包括讲解脚本语言的定义、特点、分类和应用，以及创建脚本和制作浏览器弹窗。

单元2：主要介绍如何设计基本网页特效，包括讲解网页特效的定义、分类和实现，以及制作4个相关特效案例。

单元3：主要介绍如何设计动画，增强用户体验，包括讲解CSS3动画、JavaScript动画和jQuery动画，以及制作4个相关动画案例。

单元4：主要介绍常用事件处理方法的使用，包括鼠标事件、键盘事件和窗口事件，以及制作4个相关事件处理案例。

单元5：主要介绍表单处理方法的使用，包括表单元素、表单事件和正则表达式语法，以及制作3个相关表单处理案例。

单元6：主要介绍常用的网页布局动态效果的实现，包括AJAX异步加载等待时的骨架屏布局效果、呈Z字形的瀑布流布局效果和随着窗口尺寸不断变化的响应式布局效果。

单元7：制作在线音乐播放器实战项目，项目采用Layui前端UI库提供的元素和模块实现页面的部分功能，并结合HTML5的audio音频媒体标签和CSS的Filter过滤函数实现音乐播放页面。

单元8：制作来享用点餐App实战项目，项目采用jQuery WeUI库作为基础组件样式，并结合Flex弹性盒子布局实现页面的整体布局效果。

通过本书的系统学习，读者能够快速掌握前端交互式设计的开发流程，为后续深入学习前端设计开发奠定基础。

致谢

本书的编写和整理工作由北京千锋互联科技有限公司与河南轻工职业学院共同完成，其中主要的参与人员有陈亚峰、齐英兰、潘亚、李彩艳、韩文雅、田芳、程方玉、杨敬伟。河南轻工职业学院陈亚峰任主编，河南轻工职业学院齐英兰、田芳、程方玉、杨敬伟任副主编。陈亚峰编写了单元1、6、7、8，齐英兰编写了单元3，田芳编写了单元2，程方玉编写了单元5，杨敬伟编写了单元4，潘亚、李彩艳、韩文雅在本书的编写和代码调试中提供了大量帮助。除此之外，千锋教育的500多名学员参与了教材的试读工作，他们站在初学者的角度对教材提出了许多宝贵的修改意见，在此一并表示衷心的感谢。

意见反馈

在本书的编写过程中，虽然力求完美，但难免有一些不足之处，欢迎各界专家和读者朋友们给予宝贵的意见，联系方式：textbook@1000phone.com。

编　者

2022年10月

目 录

单元 1 前端编程基础知识 1
1.1 理解什么是脚本 1
1.1.1 脚本语言的定义 1
1.1.2 脚本语言的特点 2
1.1.3 脚本语言的分类 2
1.1.4 浏览器脚本语言的应用 4
1.1.5 jQuery 库 4
1.2 如何创建脚本 5
1.2.1 认识 JavaScript 脚本文件 5
1.2.2 创建第一个 JavaScript 脚本 7
1.2.3 动手练一练 10
1.3 弹框可以这样做 11
1.3.1 浏览器的默认弹框 11
1.3.2 浏览器的自定义弹框 15
1.3.3 动手练一练 22
小结 22
习题 22

单元 2 基本网页特效 23
2.1 理解网页交互动效 23
2.1.1 网页动效的概念 23
2.1.2 网页动效的分类 23
2.1.3 网页特效的实现 25
2.2 【案例1】背景调色板 26
2.2.1 案例介绍 26
2.2.2 案例准备 27
2.2.3 案例实现 30
2.2.4 案例拓展 32
2.3 【案例2】注册与登录 32

    2.3.1　案例介绍 32
    2.3.2　案例准备 33
    2.3.3　案例实现 38
    2.3.4　案例拓展 47
  2.4　【案例3】电子时钟 47
    2.4.1　案例介绍 47
    2.4.2　案例准备 48
    2.4.3　案例实现 49
    2.4.4　案例拓展 51
  2.5　【案例4】工作任务单 52
    2.5.1　案例介绍 52
    2.5.2　案例准备 54
    2.5.3　案例实现 60
    2.5.4　案例拓展 72
  小结 73
  习题 73

单元3　增强用户体验 74
  3.1　Web页面动画特效 74
    3.1.1　CSS3过渡与动画 74
    3.1.2　JavaScript实现动画特效 79
    3.1.3　jQuery动画的实现 81
  3.2　【案例1】微信红包领取动画 88
    3.2.1　案例介绍 88
    3.2.2　案例准备 89
    3.2.3　案例实现 91
    3.2.4　案例拓展 97
  3.3　【案例2】图片懒加载 98
    3.3.1　案例介绍 98
    3.3.2　案例准备 99
    3.3.3　案例实现 100
    3.3.4　案例拓展 104
  3.4　【案例3】图片轮播 105
    3.4.1　案例介绍 105
    3.4.2　案例准备 106
    3.4.3　案例实现 107

3.4.4 案例拓展 115
　3.5 【案例 4】趣味电子书 116
　　　3.5.1 案例介绍 116
　　　3.5.2 案例准备 117
　　　3.5.3 案例实现 119
　　　3.5.4 案例拓展 126
　小结 127
　习题 127

单元 4　网页事件处理 128

　4.1 事件处理方法 128
　　　4.1.1 鼠标事件处理 128
　　　4.1.2 键盘事件处理 131
　　　4.1.3 窗口事件处理 135
　4.2 【案例 1】Tab 选项卡切换 139
　　　4.2.1 案例介绍 139
　　　4.2.2 案例准备 139
　　　4.2.3 案例实现 141
　　　4.2.4 案例拓展 144
　4.3 【案例 2】响应式滑块图文轮播 145
　　　4.3.1 案例介绍 145
　　　4.3.2 案例准备 148
　　　4.3.3 案例实现 150
　　　4.3.4 案例拓展 157
　4.4 【案例 3】焦点图展示效果 159
　　　4.4.1 案例介绍 159
　　　4.4.2 案例准备 160
　　　4.4.3 案例实现 162
　　　4.4.4 案例拓展 164
　4.5 【案例 4】公司简介 165
　　　4.5.1 案例介绍 165
　　　4.5.2 案例准备 167
　　　4.5.3 案例实现 168
　　　4.5.4 案例拓展 176
　小结 177
　习题 177

单元 5　表单处理 178

5.1　表单验证 178
5.1.1　HTML 表单元素 178
5.1.2　正则表达式 182
5.1.3　表单事件处理 185

5.2　【案例 1】信息登记卡 190
5.2.1　案例介绍 190
5.2.2　案例准备 191
5.2.3　案例实现 193
5.2.4　案例拓展 200

5.3　【案例 2】可视化拖动表单 201
5.3.1　案例介绍 201
5.3.2　案例准备 203
5.3.3　案例实现 204
5.3.4　案例拓展 207

5.4　【案例 3】仿问卷星 209
5.4.1　案例介绍 209
5.4.2　案例准备 210
5.4.3　案例实现 210
5.4.4　案例拓展 216

小结 217
习题 217

单元 6　动效布局 218

6.1　BOM 与 DOM 对象 218
6.1.1　BOM 对象 218
6.1.2　DOM 对象 219

6.2　【案例 1】页面骨架屏布局 220
6.2.1　案例介绍 220
6.2.2　案例准备 222
6.2.3　案例实现 224
6.2.4　案例拓展 231

6.3　【案例 2】瀑布流布局 232
6.3.1　案例介绍 232
6.3.2　案例准备 233
6.3.3　案例实现 234

6.3.4　案例拓展 237
6.4　【案例3】图片响应式布局 238
　　　6.4.1　案例介绍 238
　　　6.4.2　案例准备 239
　　　6.4.3　案例实现 241
　　　6.4.4　案例拓展 243
6.5　【案例4】商品列表布局 244
　　　6.5.1　案例介绍 244
　　　6.5.2　案例实现 246
　　　6.5.3　案例拓展 251
小结 252
习题 252

单元7　实战：在线音乐播放器 253

7.1　在线播放器页面布局 253
　　　7.1.1　页面布局 253
　　　7.1.2　页面展示 254
7.2　导航与轮播图 255
　　　7.2.1　技术准备 255
　　　7.2.2　代码实现 258
7.3　推荐音乐列表 261
　　　7.3.1　技术准备 261
　　　7.3.2　代码实现 262
7.4　音乐播放 266
　　　7.4.1　技术准备 266
　　　7.4.2　代码实现 268
7.5　歌词展示 272
　　　7.5.1　技术准备 272
　　　7.5.2　代码实现 273
小结 276

单元8　实战：来享用点餐App 277

8.1　点餐App首页 277
　　　8.1.1　效果展示 277
　　　8.1.2　代码实现 278
8.2　餐品列表 284
　　　8.2.1　效果展示 284

8.2.2 代码实现 ... 285
8.3 结算中心 ... 292
    8.3.1 效果展示 ... 292
    8.3.2 代码实现 ... 292
8.4 在线支付 ... 299
    8.4.1 效果展示 ... 299
    8.4.2 代码实现 ... 299
8.5 就餐评价 ... 302
    8.5.1 效果展示 ... 302
    8.5.2 代码实现 ... 303
小结 ... 306

参考文献 ... 307

单元 1　前端编程基础知识

学习目标

- 理解脚本的概念；
- 掌握 JavaScript 脚本的使用；
- 掌握浏览器内置对象的使用；
- 了解 jQuery 库。

能够被计算机识别的语言统称为编程语言。编程语言可以细分为多种类型，具有固定的语法格式，可向计算机系统发出指令，让其提供相应的服务。例如，开发者将某种编程语言编写好的脚本代码放在浏览器中运行，浏览器会根据代码的指令为用户提供请求的内容。在本单元中，将带领大家一起学习脚本语言的基本概念，理解浏览器脚本语言的运行原理，了解 jQuery 库使用方法，以及尝试编写一段可在浏览器中运行的脚本代码。

1.1　理解什么是脚本

1.1.1　脚本语言的定义

视　频

理解什么是脚本

脚本语言（Script Language）是为了缩短传统的编写—编译—连接—运行（edit-compile-link-run）过程而创建的计算机编程语言。脚本语言又称动态语言，是一种用来控制软件应用程序的编程语言。想要理解脚本语言，首先要了解编程语言的执行过程。

Java、C++等传统的编程语言在执行过程中需要经历编写—编译—连接—运行等过程，而脚本语言的执行则更加简单。脚本语言属于解释型语言，每翻译一行代码便会执行这一行代码，即使后面的代码有错误也不会影响前面代码的执行。而非脚本语言则是先读取完整个源程序的内容，在建立执行环境后才开始执行代码，如果有一行代码出错，则整个程序都不会被编译通过。

脚本语言的命名源于"screenplay"（电影剧本）一词。脚本语言的执行过程就像念剧本，每读取一行就执行一行。脚本语言通常具有简单、易学、易用的特性，使程序员能够快速地完成程序的编写工作。

1.1.2 脚本语言的特点

脚本语言有以下特点：

（1）脚本语言通常需要依托某个应用程序或客户端软件来执行，而编程语言通常需要向计算机发出一系列复杂的指令才能执行。

（2）脚本语言与编程语言有很多相似的地方，例如函数、变量等基本语法，但是也存在很多不同之处，例如编程语言的语法和规则更为严格，而脚本语言的语法则较为宽松。

（3）脚本语言是一种解释型语言，如JavaScript、VBScript、TypeScript等，不像C\C++等编程语言要编译成二进制代码，以可执行文件的形式运行。脚本语言的代码由解释器负责解释，不需要编译即可直接进行。

（4）相对于编译型的计算机语言，由脚本语言开发的程序在执行时，是由其对应的解释器（或虚拟机）解释执行；系统程序设计语言则是被预先编译成机器语言而执行。

（5）脚本语言的主要特征是，程序代码既是脚本程序，也是最终可执行文件。脚本语言可分为独立型和嵌入型，独立型脚本语言在其执行时完全依赖于解释器，而嵌入型脚本语言通常在编程语言中（如C、C++、VB、Java等）被嵌入使用。

脚本语言有很多优点，例如可以实现快速开发，容易部署，简单易学等。同时，脚本语言也有一定的不足，主要包括以下3个方面。

（1）脚本语言不能作为一门真正的编程语言被使用，只能是依靠其宿主程序存在。

（2）脚本语言不是软件工程和构建代码结构的最佳选择，因为脚本语言的特殊性，几乎无法使用面向对象的思想去开发软件，也不便于进行组件化和模块化开发。

（3）脚本语言不是一门通用型编程语言，只能是作为"专用型"的语言来开发功能。

1.1.3 脚本语言的分类

脚本语言有很多种类，并且语法非常简单，有时一行代码或指令就可以作为一个脚本执行，例如使用SQL语句执行查询的命令，只需要执行一行指令即可实现查询。SQL查询脚本代码如下所示：

```
select * from users;
```

使用SQL语句查询数据库表的指令执行结果如图1.1所示。

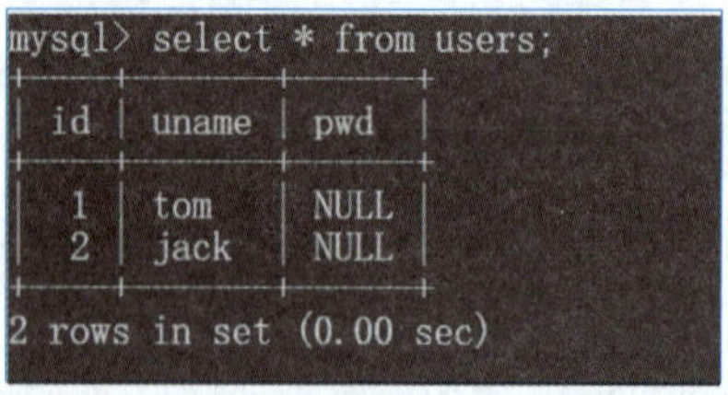

图1.1 在命令行工具中执行SQL语句

除了SQL脚本外，还有多种脚本语言，例如可以直接运行在浏览器中的JavaScript脚本语言。用户可以以谷歌的Chrome浏览器为例，首先打开计算机中的Chrome浏览器，按【F12】功能键，再打开浏览器的开发者工具，在开发者工具的窗口中切换到"控制台"标签页，效果如图1.2所示。

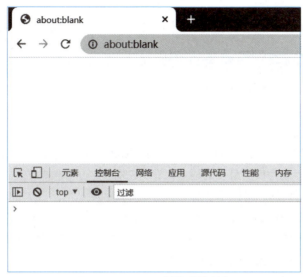

图 1.2　Chrome 浏览器控制台

然后在控制台中输入JavaScript脚本代码，具体内容如下所示：

```
console.log(1+1)
```

脚本代码输入完成后直接按【Enter】键执行，效果如图1.3所示。

图 1.3　控制台执行 JavaScript 脚本

如果把所有脚本语言按用途进行分类，主要包括以下几类脚本语言：
（1）Shell脚本：用于自动化工业控制，即启动和控制系统程序的行为，如DCL、UnixShell。
（2）GUI脚本：用于控制计算机的脚本语言，又称宏语言。
（3）应用程序内嵌脚本：属于应用程序内的根据实际需求而定制的一种脚本编程语言。

（4）Web编程脚本：应用程序内嵌脚本的一种，用于提供Web页面的自定义功能，如JavaScript脚本语言。

（5）文本处理脚本：用于处理基本的文本记录，例如用来生成报告的Perl脚本语言。

 1.1.4　浏览器脚本语言的应用

JavaScript是一种基于对象和事件驱动，并且具有相对安全性的客户端浏览器脚本语言，同时也是一种广泛用于客户端Web开发的脚本语言。JavaScript常用来为HTML网页添加用户交互的动态效果，比如响应用户的交互操作、提交表单等。

JavaScript是目前世界上最流行的脚本语言，据Stackoverflow的2021年开发者调查报告显示，JavaScript已连续第八年成为使用最多的语言，有67.7%的受访者选择它。之所以如此受欢迎，主要是因为JavaScript是通用的，可以用于前端和后端开发和测试网站或Web应用程序。

JavaScript遵循了ECMAScript的标准，用户可以使用ECMAScript的语法规则编写代码，如果使用 JavaScript 编程语言在浏览器中执行代码，需要熟练掌握DOM和BOM两大对象。DOM（Document Object Model，文档对象模型）专门用于处理HTML/XHTML 的文档结构与展示效果；而BOM（Browser Object Model，浏览器对象模型）用于处理浏览器窗口及表现。

JavaScript对象模型的描述见表1.1。

表 1.1　JavaScript 对象模型

分　类	内置对象	描　　述
DOM对象	Document	HTML文档的根节点对象
	Element	HTML中的元素对象，包括标签、文本、注释节点
	Attribute	HTML标签元素上的属性对象
	Events	HTML文档中的事件对象
BOM对象	Window	浏览器的当前窗口对象
	Navigator	浏览器信息对象，包括浏览器名称、版本等信息
	History	浏览器中的访问历史列表对象
	Screen	客户端的显示屏幕信息对象
	Location	浏览器的URL地址栏对象

 1.1.5　jQuery库

jQuery是一个轻量级的JavaScript库，它不仅兼容CSS3，还兼容各种浏览器。jQuery库可以让开发人员更方便地处理HTML Documents和Events，以及实现动画效果，并且更加便捷地为网站提供AJAX交互。

jQuery的优点有以下几点：

（1）轻量级的文件包：jQuery 是一个轻量级的脚本，其代码非常小巧，生产版本的文件包大小仅为86 KB（jQuery 3.4.1）。

（2）强大的选择器：jQuery可以让操作者使用从CSS1到CSS3几乎所有的选择器，以及

jQuery独创的高级而复杂的选择器。

（3）全面的文档：jQuery 的文档资料很全面，方便开发者使用。

（4）出色的DOM操作的封装：jQuery封装了大量常用DOM操作，能优雅地完成各种原本非常复杂的操作。

（5）出色的跨浏览器兼容性：jQuery解决了JavaScript中跨浏览器兼容性的问题，支持的浏览器包括IE6~IE11、Firefox和Chrome等。

（6）脚本与标签分离：jQuery中实现JavaScript代码和HTML代码的分离，便于代码的管理和后期的维护。

（7）丰富的插件：jQuery 具有很多成熟的插件，如表单验证插件、UI插件等，开发者可以通过插件扩展更多功能。

（8）链式操作方式：jQuery中最有特色的莫过于它的链式操作方式——对发生在同一个jQuery对象上的一组动作，可直接连写而无须重复获取对象。

jQuery库的使用非常简单，下载jquery.js文件后，将其引入HTML代码即可。在HTML文件中引入jQuery的示例代码如下所示：

```
<head>
    <script src="jquery-1.10.2.min.js"></script>
</head>
```

1.2 如何创建脚本

1.2.1 认识JavaScript脚本文件

视 频

如何创建脚本

JavaScript脚本文件是以".js"为扩展名的文件，用户可以在计算机的任意盘符下创建一个".js"的脚本文件，效果如图1.4所示。

图 1.4　本地新建 index.js 脚本文件

接下来，将新建的JavaScript脚本文件命名为"index"。在Web网页开发中"index.js"文件默认为起始页文件，也是默认被执行的文件。

由于Web应用程序运行机制，浏览器不能直接运行一个单独的".js"文件，需要在浏览器中先加载一个HTML文件，再在HTML文件中引入".js"文件，或者是在HTML文件中使用<script>标签，在闭合的<script>标签中编写JavaScript脚本。

在计算机的任意盘符下创建一个HTML文件，将其命名为"index.html"，效果如图1.5所示。

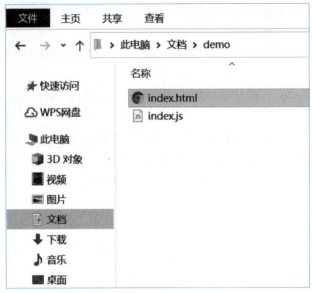

图 1.5 新建 index.html 文件

使用HBuilder代码编辑器软件打开index.html文件，然后编写HTML代码，使用外联和内联两种方式编写JavaScript脚本。具体代码如例1.1所示。

例 1.1 HTML文件中引入JavaScript脚本

```
<!DOCTYPE html>
<html lang="zh">
<head>
    <meta charset="UTF-8">
    <meta name="viewport" content="width=device-width, initial-scale=1.0">
    <meta http-equiv="X-UA-Compatible" content="ie=edge">
</head>
<body>
    <script src="index.js" ></script>
    <script type="text/javascript">
        console.log('内联方式编写的JavaScript脚本')
    </script>
</body>
</html>
```

在index.js文件中编写一行输出语句，具体代码如下所示：

```
console.log('外联方式引入的JavaScript脚本')
```

例1.1代码编写完成后，在HBuilder代码编辑器中的效果如图1.6所示。

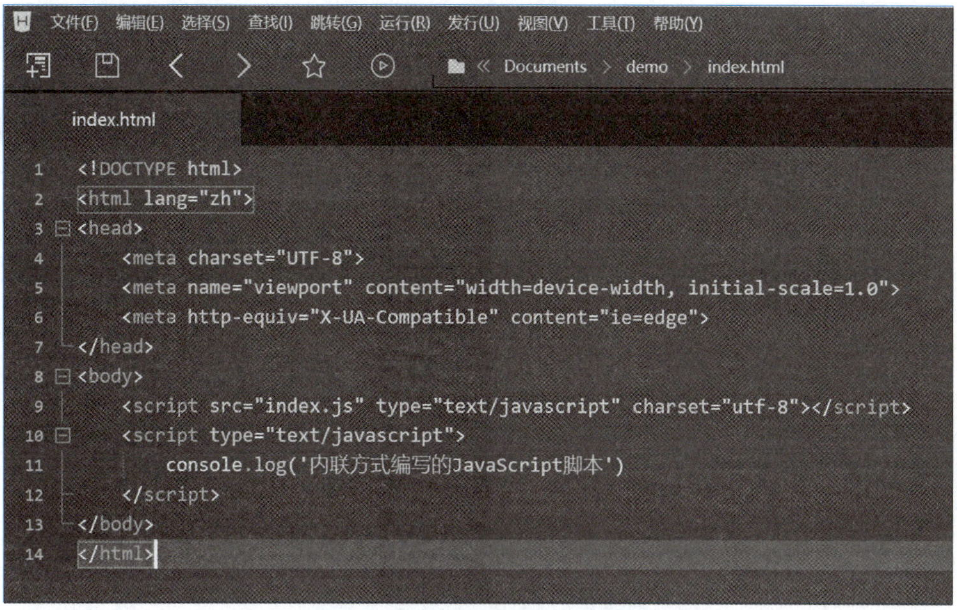

图1.6　HBuilder 代码编辑器效果

使用浏览器打开index.html文件，并且在浏览器中按【F12】键打开开发者工具，切换到控制台标签页，即可查看两种方式编写的JavaScript脚本。效果如图1.7所示。

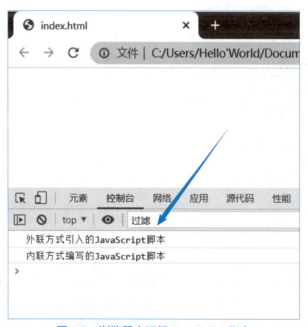

图1.7　浏览器中运行 JavaScript 脚本

1.2.2　创建第一个JavaScript脚本

在具有前端交互功能的网页中，通常使用JavaScript脚本处理网页的特效，例如百度就曾使用JavaScript脚本发布了一条招聘广告。在浏览器中访问百度的官网 https://www.baidu.com，然后打开浏览器的开发者工具并切换到控制台标签页中，即可看到百度的招聘广告，效果如图1.8所示。

图 1.8　百度招聘广告

用户也可以模仿百度的这种设计方式，在自己的网页中隐藏一个"彩蛋"。大家可以思考一下，如何实现百度招聘广告的展示效果呢？将百度控制台的招聘信息放大，效果如图1.9所示。

图 1.9　百度 JavaScript 脚本输出效果

通过图1.9可以看到，上方的文案和下方的简历投递网址并不是在同一个输出语句中，而且上方的文案在同一个输出语句中出现了换行效果。想要实现在同一条输出语句中使用换行，就要用到"\n"转义字符。可以在index.js中以内联JavaScript脚本的方式编写这条百度的招聘文案，具体代码如例1.2所示。

　百度招聘文案

```
<!DOCTYPE html>
```

```html
<html lang="zh">
<head>
    <meta charset="UTF-8">
    <meta name="viewport" content="width=device-width, initial-scale=1.0">
    <meta http-equiv="X-UA-Compatible" content="ie=edge">
</head>
<body>
    <script type="text/javascript">
        var msg='每一个星球都有一个驱动核心,\n'
                +'每一种思想都有影响力的种子。\n'
                +'感受世界的温度,\n'
                +'年轻的你也能成为改变世界的动力,\n'
                +'百度珍惜你所有的潜力。\n'
                +'你的潜力,是改变世界的动力!\n'
                +'\t'
        console.log(msg)
        console.log('%c百度2022校园招聘简历投递: https://talent.baidu.com/external/baidu/campus.html','color:red;');
    </script>
</body>
</html>
```

代码编写完成后,在HBuilder编辑器中的效果如图1.10所示。

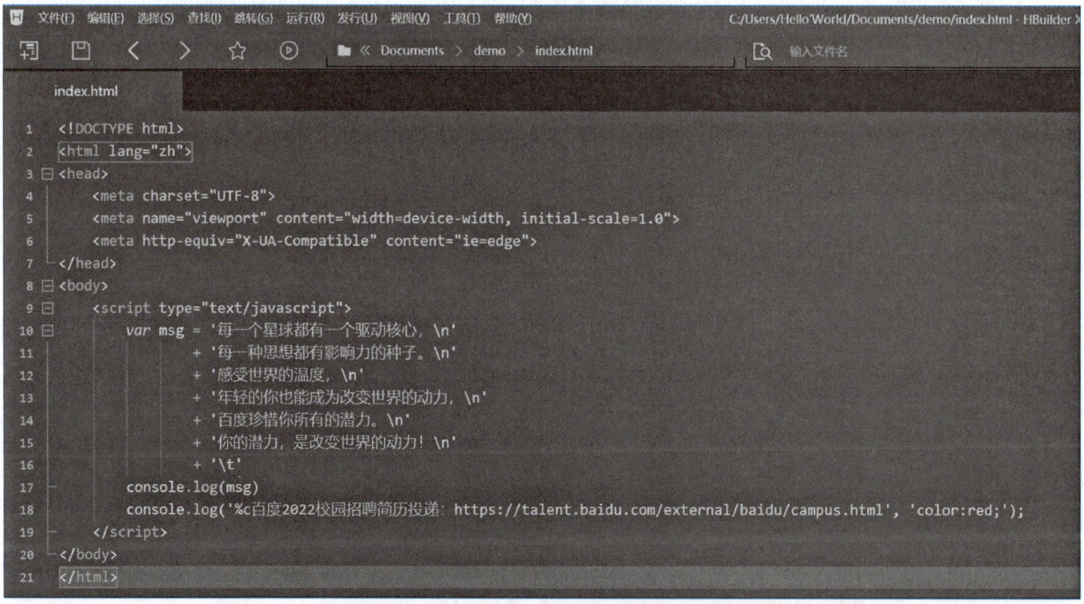

图 1.10　HBuilder 编辑器中的代码效果

在例1.2的代码中,首先使用转义字符"\n"实现控制台的换行效果,然后在console.log()函数中使用"%c"和"color:red"处理输出文字的颜色为红色。使用浏览器打开index.html文件,查看控制台输出的效果如图1.11所示。

图 1.11　浏览器控制台输出效果

1.2.3　动手练一练

通过例1.2的示例代码，读者可以简单了解JavaScript脚本在浏览器控制台输出文字的方法。除了1.2节所提到的案例，许多知名网站中都藏有"彩蛋"特效。请找到一个控制台输出文案的网站，并模仿该网站在自定义的index.html文件中实现相同效果。以京东为例，效果如图1.12所示。（案例代码参考本书配套源码中的单元1/练习/demo1）

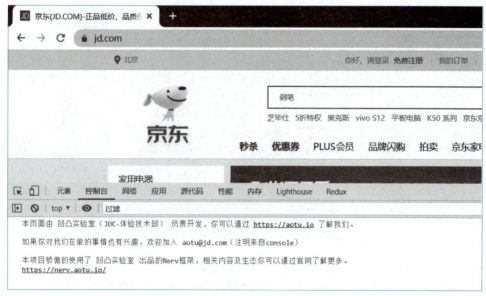

图 1.12　京东网站控制台效果

1.3 弹框可以这样做

1.3.1 浏览器的默认弹框

视 频

弹框可以这样做

浏览器提供了三种默认的弹框效果，分别是消息警告框、消息确认框和消息输入对话框。这三种效果的弹框由window对象提供的函数实现。

- alert()函数，显示带有一段消息和一个确认按钮的警告框。
- confirm()函数，显示带有一段消息以及确认按钮和取消按钮的对话框。
- prompt()函数，显示可提示用户输入的对话框。

在index.html文件中编写弹出消息警告框的代码，具体代码如例1.3所示。

例1.3 弹出消息警告框

```
<!DOCTYPE html>
<html lang="zh">
<head>
    <meta charset="UTF-8">
</head>
<body>
    <button type="button" onclick="myFunction()">显示警告框</button>
    <script type="text/javascript">
        function myFunction() {
            window.alert('这是一段警告提示')
        }
    </script>
</body>
</html>
```

在例1.3的代码中，alert是window对象的函数，可以使用window对象调用，因为window对象是浏览器默认的内置对象，所以在调用window对象的函数时可以省略"window"直接调用具体的函数，示例代码如下所示：

```
alert('这是一段警告提示')
```

首先，在HBuilder编辑器中完成代码的编写。然后使用HBuilder提供的运行功能，直接将index.html运行在本地内置服务器上面，通过IP地址访问当前网页，不必切换到计算机盘符中双击打开index.html文件。单击HBuilder编辑器工具栏中的"运行"按钮，选择指定的浏览器（如Chrome浏览器），效果如图1.13所示。

以Chrome浏览器为例，在HBuilder"运行"按钮的下拉列表中选择"Chrome"选项，会自动启动本地内置服务器，然后打开本地的Chrome浏览器。效果如图1.14所示。

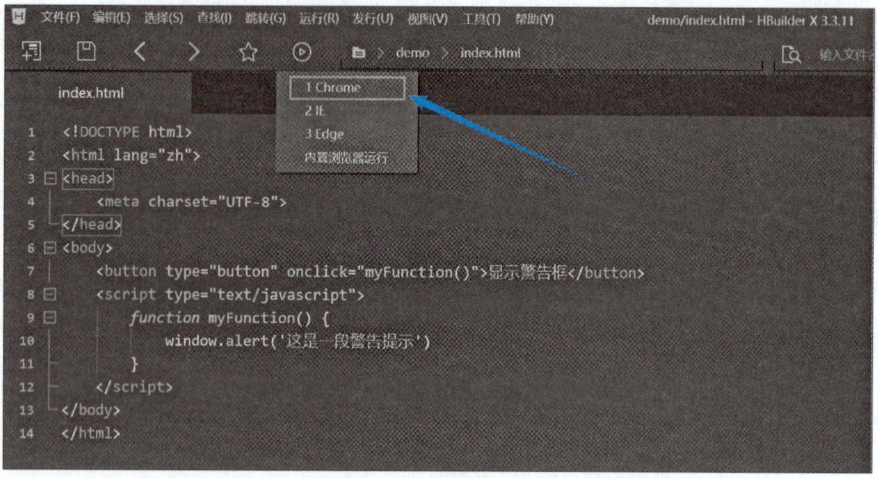

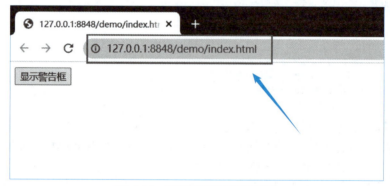

图 1.13　使用 HBuilder 编辑器中的运行功能

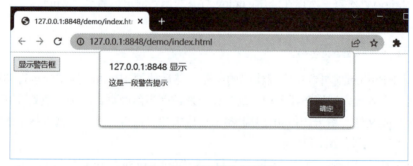

图 1.14　访问 IP 地址打开网页

在浏览器中使用IP地址访问本地的index.html文件，可以模拟网站上线后的运行效果，这样能够避免应用程序上线后因为路径问题导致的页面显示错误，同时也能尽量还原真实的生产环境。

在Chrome浏览器中打开index.html文件后，单击"显示警告框"按钮，即执行代码中的myFunction()函数，然后触发alert()函数的执行。在浏览器中打开警告框的效果如图1.15所示。

图 1.15　显示警告框效果

用户可以根据例1.3进行代码改写，来实现消息确认对话框和用户输入对话框的功能，具体代码如例1.4和例1.5所示。

例 1.4 显示消息确认对话框

```html
<!DOCTYPE html>
<html lang="zh">
<head>
    <meta charset="UTF-8">
</head>
<body>
    <button type="button" onclick="myFunction()">显示确认框</button>
    <script type="text/javascript">
        function myFunction(){
            var result=confirm('是否要继续执行？')
            if(result){
                alert('yes')
            }else{
                alert('no')
            }
        }
    </script>
</body>
</html>
```

例1.4代码的执行效果如图1.16所示。

图 1.16 显示确认框效果

当用户单击"确定"按钮时，confirm()函数就会返回true，当单击"取消"按钮时则返回false。在代码中使用变量"result"接收confirm()函数执行的结果，然后再弹出对应的内容弹框。当用户单击"确定"按钮时，执行的效果如图1.17所示。

图 1.17 消息确认框执行结果

例 1.5　显示用户输入框

```
<!DOCTYPE html>
<html lang="zh">
<head>
    <meta charset="UTF-8">
</head>
<body>
    <button type="button" onclick="myFunction()">提交信息</button>
    <script type="text/javascript">
        function myFunction(){
            var result=prompt('请输入姓名')
            if(result){
                alert('您输入的名字为: '+result)
            } else{
                alert('没有输入任何内容')
            }
        }
    </script>
</body>
</html>
```

例1.5代码执行的效果如图1.18所示。

图 1.18　显示用户输入框效果

当用户输入内容后单击"确定"按钮，就会提示当前用户输入的内容，效果如图1.19所示。

图 1.19　用户输入框执行结果

confirm()函数和prompt()函数都有返回值,不同的是confirm()函数的返回值是一个Boolean类型,而prompt()函数的返回值则是一个String类型,一般可以通过返回值的内容判断用户输入的结果。

1.3.2 浏览器的自定义弹框

在实际的Web项目开发中,为了更好地统一网站的UI风格,往往会自定义各种弹框效果,例如使用蒙版遮罩网页内容,在浏览器窗口中心弹出需要的对话框,效果如图1.20所示。

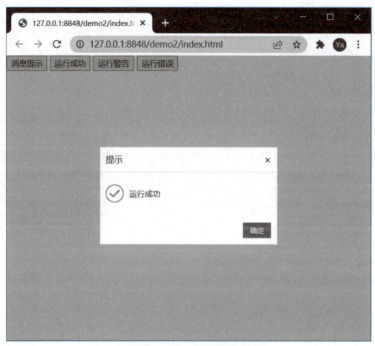

图1.20　自定义弹框效果

在编写自定义弹框代码时,为了更方便地操作HTML Document对象,可以引入jQuery库,使用jQuery库提供的API实现用户交互。HBuilder编辑器提供了快速创建jQuery文件的功能。首先在HBuilder的资源管理器中创建一个项目,项目的文件结构如图1.21所示。

图1.21　项目文件结构

然后右击项目下的"js"文件夹,在弹出的快捷菜单中选择"新建"→"js文件"命令,如图1.22所示。

图 1.22　新建 js 文件

选择"js文件"命令后，弹出"新建js文件"对话框，在其中选择jQuery模板，接着输入文件名称，效果如图1.23所示，单击"创建"按钮即可创建jQuery文件。

图 1.23　"新建 js 文件"对话框

创建成功后即可在项目下的"js"文件夹中查看"jquery.min.js"文件，效果如图1.24所示。

有了jQuery库之后，就可以使用jQuery实现自定义弹框。首先需要在js、css文件夹下分别创建index.js和index.css文件，然后从互联网中下载不同弹框类型的提示图标文件存放在img文件夹下，项目的完整文件结构效果如图1.25所示。

图 1.24　js 文件夹下的 jquery 文件

图 1.25　项目的完整文件结构

分别在index.js和index.css文件中编写脚本代码和样式代码，在项目根目录下的index.html文件中编写HTML代码，并引入index.js和index.css文件。自定义弹框的示例代码如例1.6所示。

例 1.6　自定义弹框完整示例代码

demo/js/index.js 文件代码：

```
$(function() {

    // 消息提示
    $('#message-btn').click(function() {
        openDialog(0)
    })

    // 运行成功
    $('#success-btn').click(function() {
        openDialog(1)
    })

    // 运行警告
    $('#warn-btn').click(function() {
        openDialog(2)
    })

    // 运行错误
    $('#error-btn').click(function() {
```

```
            openDialog(3)
        })

        // 关闭弹窗
        $('.alert-dialog-submitbtn,.alert-dialog-close').click(function() {
            $('.alert-container').hide()
        })

        // 根据类型显示弹框
        function openDialog(type) {
            $('.alert-dialog-message img').attr('src','img/'+type+'.png')
            var msg=''
            switch (type) {
                case 0:
                    msg='消息提示'
                    break;
                case 1:
                    msg='运行成功'
                    break;
                case 2:
                    msg='运行警告'
                    break;
                case 3:
                    msg='运行错误'
                    break;
                default:
                    break;
            }
            $('.alert-dialog-message span').text(msg)
            $('.alert-container').show()
        }
    })
```

demo/css/index.css 文件代码：

```
html,
body {
    height: 100%;
    width: 100%;
    margin: 0;
    padding: 0;
}

.alert-container {
    width: 100%;
```

```css
    height: 100%;
    position: absolute;
    top: 0;
    left: 0;
    background-color: rgba(0, 0, 0, 0.2);
    z-index: 100;
    display: none;
}

.alert-dialog {
    width: 300px;
    height: 160px;
    background-color: #fff;
    margin: 150px auto;
    position: relative;
}

.alert-dialog-title {
    box-sizing: border-box;
    padding: 10px;
    color: #333;
    font-size: 14px;
    border-bottom: 1px solid #f0f0f0;
    display: flex;
    align-items: center;
    justify-content: space-between;
}

.alert-dialog-close {
    cursor: pointer;
    font-size: 16px;
}

.alert-dialog-close:hover {
    color: #999;
}

.alert-dialog-message {
    box-sizing: border-box;
    padding: 20px 10px;
    font-size: 13px;
    display: flex;
    align-items: center;
}
```

```css
.alert-dialog-message img {
    width: 30px;
    height: 30px;
    margin-right: 10px;
}

.alert-dialog-opbutton {
    box-sizing: border-box;
    width: 100%;
    padding: 10px;
    text-align: right;
    position: absolute;
    bottom: 0;
}

.alert-dialog-opbutton button {
    border: 0;
    padding: 5px 12px;
    font-size: 12px;
    cursor: pointer;
    background-color: #1E9FFF;
    color: #fff;
}

.alert-dialog-opbutton button:hover {
    opacity: .8;
}
```

demo/index.html 文件代码:

```html
<!DOCTYPE html>
<html>
    <head>
        <meta charset="utf-8">
        <link rel="stylesheet" type="text/css" href="css/index.css"/>
    </head>
    <body>
        <button id="message-btn">消息提示</button>
        <button id="success-btn">运行成功</button>
        <button id="warn-btn">运行警告</button>
        <button id="error-btn">运行错误</button>
        <div class="alert-container">
            <div class="alert-dialog">
                <div class="alert-dialog-title">
```

```
                <span>提示</span>
                <span class="alert-dialog-close">×</span>
            </div>
            <div class="alert-dialog-message">
                <img src="">
                <span></span>
            </div>
            <div class="alert-dialog-opbutton">
                <button class="alert-dialog-submitbtn"type="button">
                    确定
                </button>
            </div>
        </div>
    </div>
    <script src="js/jquery.min.js"></script>
    <script src="js/index.js"></script>
</body>
</html>
```

运行例1.6代码，浏览器中的页面效果如图1.26所示。

图1.26　案例运行的页面效果

单击"消息提示"按钮后，弹框效果如图1.27所示。

单击"运行成功"按钮后，弹框效果如图1.28所示。

图1.27　消息提示弹框效果　　　　　　图1.28　运行成功弹框效果

单击"运行警告"按钮后，弹框效果如图1.29所示。

单击"运行错误"按钮后，弹框效果如图1.30所示。

通过图1.27至图1.30可以看出，在不同类型的弹框中，可以显示不同的提示图标，并且这些图标文件可以根据项目统一的UI风格随意更换。

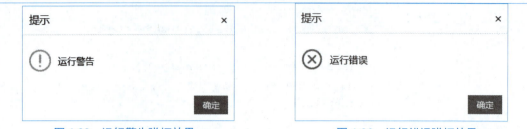

图 1.29　运行警告弹框效果

图 1.30　运行错误弹框效果

1.3.3　动手练一练

通过例1.6的自定义弹框案例，我们已经掌握自定义弹框的设计方法，可以使用jQuery库来快速操作HTML Document 对象。那么，在真实的项目开发中需要的弹框不仅仅是消息提示弹框，还有用户输入弹框、表单弹框等。请尝试使用jQuery库实现一个数据表格的弹框效果（案例代码参考本书配套源码中的单元1/练习/demo2），效果如图1.31所示。

收货地址　×

日期	姓名	地址
2022-05-02	王小虎	上海市普陀区金沙江路 1518 弄
2022-05-04	王小虎	上海市普陀区金沙江路 1518 弄
2022-05-01	王小虎	上海市普陀区金沙江路 1518 弄
2022-05-03	王小虎	上海市普陀区金沙江路 1518 弄

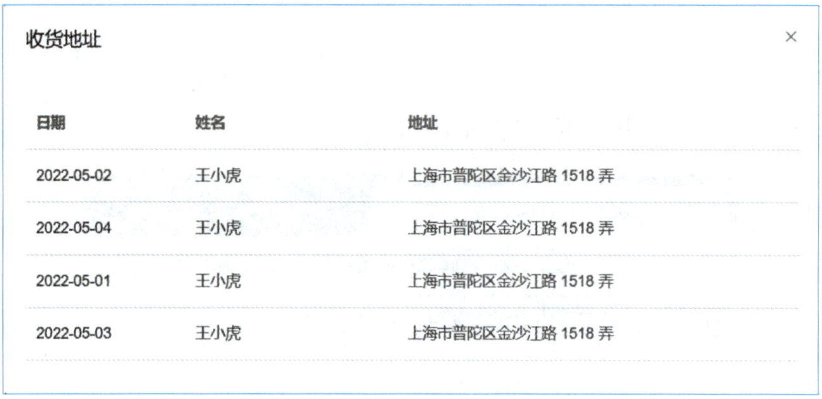

图 1.31　数据表格弹框效果

小　结

通过本单元的学习，读者可以学习到脚本的概念、脚本的创建，以及弹窗的相关应用，能够更熟练地掌握JavaScript脚本的代码编写。

习　题

1. 常见的脚本语言有哪些？
2. JavaScript 中操作浏览器的对象有哪些？
3. 简单说明项目中使用自定义弹框的优势。

单元 2　基本网页特效

学习目标

- 理解网页交互动效的概念；
- 掌握 JavaScript+CSS 网页动效设计的方法；
- 掌握网页中常见的动效设计案例。

网页动效设计已经成为现代网页用户体验的重要组成部分，不论是微妙的转场动效，还是覆盖整个页面的动效，动画效果几乎无处不在。融入动效设计的网页交互已经成为现代网页设计的趋势之一，对于网页设计人员来说，熟练掌握网页中的动效设计已经成为必备技能。本单元将通过 JavaScript+CSS 网页动效交互设计，实现网页中常见的特效案例。

视频：理解网页交互动效

2.1　理解网页交互动效

2.1.1　网页动效的概念

随着电商、社交、媒体等行业龙头企业网站的引领，越来越多的公司网站开始关注网页的动效设计，并且网页设计团队也已经意识到动效在用户体验中的重要性，更多的设计师开始投入到网页动效设计领域之中。那么，到底什么是动效设计呢？它与普通的动画设计又有什么区别呢？

动效设计，顾名思义即动态效果的设计，在界面上所有运动的效果都可以划归为动效设计的范畴。动效设计是界面设计与动态设计的交集，合理的动效可以帮助引导用户，减少用户等待时间，增加产品识别度。

2.1.2　网页动效的分类

在网页设计中，动效的种类大致可以分为四类，分别是转场动效、展示动效、引导动效和反馈动效。在众多网页设计中，最常见的网页动效往往都是这四类动效或者是以此衍生的其他动效。下面简单介绍一下这四类动效。

1. 转场动效

转场动效一般用于页面层级的跳转或场景切换，帮助用户理解界面之间的变化与层级关系，也让页面变得更加真实生动。转场动效设计常应用在移动端的页面跳转，这是为了避免页面场景在瞬间切换时导致用户产生"变化盲视"，可让页面的整体切换显得更加细腻。转场动效经常使用缩放、透明度、旋转等平滑效果实现，从而搭建页面与页面之间的层级关系。

2. 展示动效

展示动效主要用于页面内容展示时的动态效果，其目的是能够在第一时间吸引用户的视觉，突出产品的核心功能和特点，引导用户的视觉流向，去帮助用户更好地了解产品。展示动效主要放置在页面的头部或显眼的位置，如轮播图、动态营销图标等。以京东商城的动态图标为例，效果如图2.1所示。

图 2.1　京东商城的动态图标效果

3. 引导动效

引导动效主要通过页面中某些元素的变化，以此拉开与其他元素的视觉差，从而引导用户进行下一步操作。引导动效能够很自然地聚焦用户视线，降低其他视觉元素的干扰，其目的是引导用户达成目标操作任务，或者是引导用户执行相关操作。在网页设计中，引导动效最常见的应用场景是新手引导、Toast提示等，效果如图2.2所示。

4. 反馈动效

反馈动效是当用户在网页中执行某些行为或者是触发某个事件后，页面给出的相关反馈效果。反馈动效的底层逻辑是以视觉表现的形式向用户传达当前操作的反馈结果，给予用户一定的心理预期。网页中常见的反馈动效有加载动效、进度动效等。例如，加载动效可以通过动态效果向用户反馈加载结果，以此来改变用户对时间的感知，转移用户注意力，降低用户的等待感知。加载动效的效果如图2.3所示。

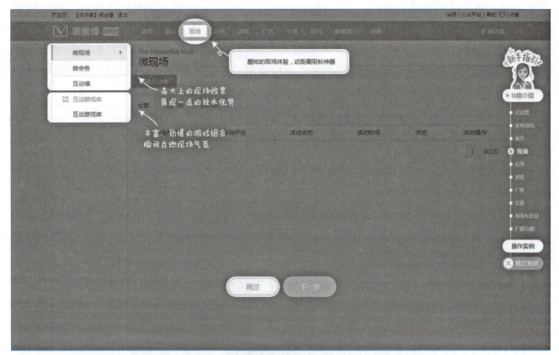

图 2.2　网站中的新手引导

图 2.3　页面的加载动效

2.1.3　网页特效的实现

网页动效设计属于设计范畴，而网页特效则属于编程范畴，网页特效是使用程序代码在网页中实现的特殊效果，或者是实现某些特殊功能的一种技术。动效设计属于比较大的概念，网页特效是动效设计的具体实现之一，在网页特效制作中可以结合动效设计的原则和规范，提升网页特效的视觉效果。

通过CSS3对页面进行设计，用户能够创建丰富的网页动画效果。CSS3无须使用JavaScript和Flash，只需设置CSS的属性即可实现页面中的动画效果。但是这种动画效果无法完成更加复杂地用户交互。为了更加方便地完成交互的网页动画或特效，则需要用到JavaScript脚本语言来控制浏览器的DOM和BOM对象，也可以使用jQuery库提供的API快速实现动画交互效果。

CSS3只能完成元素的动画效果，网页特效还需要借助JavaScript脚本实现，如百度特效搜索。在百度中搜索特定的关键词，就会出现立体式的动画效果展示，如搜索"黑洞"关键字，效果如图2.4所示。

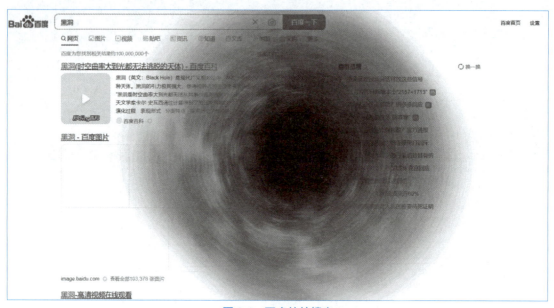

图2.4　百度特效搜索

丰富多彩的网页特效不仅增加了网页的交互体验，同时也达到了更多的营销目的，吸引用户访问网站。网页特效已经成为网站开发中必不可少的一项技术实现。

2.2　【案例1】背景调色板

2.2.1　案例介绍

本案例实现网页背景调试板功能，该功能的操作非常简单，用户通过网页拾色器选取颜色，获取颜色值后将页面的内容区域设置为指定的背景颜色。在本案例中，不涉及页面布局的问题，只需要实现动态设置内容区域的背景颜色即可。网页拾色器的使用效果如图2.5所示。

选择喜欢的颜色后，需要单击"确定"按钮才能完成背景颜色的设置，并且在拾色器中显示当前选中颜色的十六进制值，设置背景颜色后的效果如图2.6所示。

图 2.5 网页拾色器

图 2.6 设置内容区域背景颜色

 2.2.2　案例准备

1. input 类型属性

HTML中的<input>标签的type属性用于表示表单输入的类型，在HTML5中新增了input 类型的种类，为开发人员提供更好的输入控制和表单验证。其中，当设置 input 类型的值为 color 时，可以开启浏览器的拾色器模式，用于选取颜色。color类型的使用示例代码如例2.1所示。

例 2.1　color类型

```
<!DOCTYPE html>
<html>
    <head>
        <meta charset="utf-8">
        <title></title>
    </head>
    <body>
```

```
        选择颜色:
            <input type="color"/>
    </body>
</html>
```

例2.1代码在浏览器中的运行效果如图2.7所示。

图 2.7 拾色器的使用效果

当用户选择某种颜色后，<input> 标签的 value 值就是当前选取的颜色值，用户还需要通过 JavaScript脚本获取 <input> 标签的值。

2. document 对象

在 HTML DOM（Document Object Model）中，每个元素都是一个节点，例如当前的HTML文档就是一个文档节点，所有HTML元素就是元素节点，甚至HTML标签上的属性都是属性节点。

当浏览器载入 HTML 文档后，可以通过浏览器的document 内置对象获取当前的HTML文档对象。document 对象是 HTML 文档的根节点，可以使用该对象访问 HTML 页面中的所有元素。document 对象提供了一系列属性和方法，其中 getXXX() 方法可以通过指定的选择器获取页面元素，例如通过ID选择获取页面元素，示例代码如下所示。

```
document.getElementById("id")
```

用户可以使用document对象获取拾色器中的颜色值，示例代码如例2.2所示。

 例 2.2　获取拾色器中的颜色值

```
<!DOCTYPE html>
<html>
    <head>
        <meta charset="utf-8">
        <title></title>
    </head>
    <body>
        选择颜色:
            <input type="color" id="palette" onchange="getColorValue()"/>
            <script type="text/javascript">
```

```
            function getColorValue() {
                var color=document.getElementById('palette')
                alert('颜色值: '+color.value)
            }
        </script>
    </body>
</html>
```

例2.2代码在浏览器中运行后的效果如图2.8所示。

图 2.8 获取拾色器的颜色值

3. HTML 颜色值

HTML颜色是由十六进制符号来定义的，这个符号由红色、绿色和蓝色的值组成，又称三原色。HTML颜色值有三种表达方式：

第一种是通过十六进制表示，十六进制的写法为"#"后面跟三个或六个十六进制字符，三位数表示为"#RGB"，转换为六位数表示为"#RRGGBB"，RGB分别表示红绿蓝三原色的值。

第二种是通过RGB（红绿蓝）来设置颜色值，每种颜色的最小值是0（十六进制：#00），最大值是255（十六进制：#FF）。

第三种是通过颜色名称的英文字母来表示，HTML一共有141个颜色名称，是在HTML和CSS颜色规范定义的，有17个标准颜色再加上124个扩展颜色名称组成。

HTML中部分标准颜色的值见表2.1。

表 2.1 部分标准颜色的值

颜色名	颜色英文名	颜色十六进制值	颜色RGB值
黑色	black	#000000	rgb(0,0,0)
红色	red	#FF0000	rgb(255,0,0)
绿色	green	#00FF00	rgb(0,255,0)
蓝色	blue	#0000FF	rgb(0,0,255)
黄色	yellow	#FFFF00	rgb(255,255,0)
白色	white	#FFFFFF	rgb(255,255,255)

2.2.3 案例实现

1. 页面结构

本案例需要通过 <div> 标签实现页面的布局效果。具体页面布局如图2.9所示。

图 2.9　页面结构

2. 代码实现

在计算机的任意盘符下新建一个名为"demo"的文件夹，作为项目的根目录，在demo文件夹中依次创建css、js两个文件夹，分别用于存放页面的CSS代码和JavaScript代码。在demo文件夹下创建index.html文件，用来编写网页的HTML代码。案例的文件结构如图2.10所示。

网页背景调色板案例的示例代码如例2.3所示。

例 2.3　网页背景调色板

图 2.10　案例的文件结构

demo/index.html 文件示例代码：

```
<!DOCTYPE html>
<html>
<head>
    <meta charset="UTF-8">
    <link rel="stylesheet" type="text/css" href="css/index.css"/>
</head>
<body>
    <div id="layout">
        <div id="palette">
            选择背景颜色：
            <input type="color" id="palette-input" value="#FAEBD7" />
```

```html
                <span id="color-value-text"></span>
                <button onclick="setBackgroundColor()">确定</button>
            </div>
            <div id="container">
            </div>
        </div>
        <script src="js/index.js"></script>
    </body>
</html>
```

demo/js/index.js 文件示例代码:

```javascript
function setBackgroundColor() {
    // 获取拾色器DOM对象
    var color=document.getElementById("palette-input")
    // 获取颜色值文案DOM对象
    var colorValueText=document.getElementById("color-value-text")
    // 获取内容区域DOM对象
    var container=document.getElementById("container")
    // 颜色赋值
    colorValueText.innerText=color.value
    container.style.backgroundColor=color.value
}
setBackgroundColor()
```

demo/css/index.css 文件示例代码:

```css
html,
body {
    height: 100%;
    width: 100%;
    margin: 0;
    padding: 0;
}
#layout {
    width: 100%;
    height: 100%;
}
#palette {
    line-height: 50px;
    box-sizing: border-box;
    padding: 0px 20px;
}
#container {
    width: 100%;
    height: calc(100%-50px);
}
```

2.2.4 案例拓展

通过本案例的学习，已经掌握了 <input> 标签中关于 color 输入类型的使用，以及在 JavaScript 代码中通过 document 对象获取页面中的元素对象。为了方便用户操作，尝试在调色板中添加预设颜色值的快捷选择按钮，通过单击预设值按钮实现背景颜色的快捷设置，效果如图 2.11 所示（案例代码参考本书配套源码中的单元2/练习/demo1）。

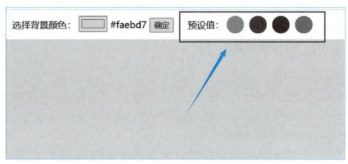

图 2.11　预设颜色值选择按钮

视　频
注册与登录

2.3　【案例 2】注册与登录

2.3.1 案例介绍

本案例包含两个页面，分别是网站的新用户注册页面与用户登录页面，并且在两个页面中实现不同的JavaScript交互特效。在新用户注册页面中，设计 switch 开关按钮控件，用于设置是否允许使用手机号登录网站，页面效果如图2.12所示。

图 2.12　新用户注册页面

在用户登录页面中，设计格子输入框控件，当用户在格子输入框中输入验证码时，每输入一位数字光标就会自动后移，直到最后一位。用户登录页面的效果如图2.13所示。

图2.13　用户登录页面

2.3.2　案例准备

1. switch 控件

在HTML的input表单元素类型中，并没有提供switch开关控件，如果想要在页面中实现switch开关控件，则需要借助input元素的checkbox复选框类型实现switch开关控件。

首先，在HTML代码中创建一个checkbox复选框，示例代码如下所示：

```
<input type="checkbox" class="switch" />
```

然后，再使用CSS的选择器，设计switch开关的基本样式。示例代码如例2.4所示。

例2.4　switch开关控件

index.html 文件示例代码：

```
<!DOCTYPE html>
<html>
<head>
    <meta charset="UTF-8">
    <link rel="stylesheet" type="text/css" href="switch-style.css"/>
</head>
<body>
    <input type="checkbox" class="switch" />
</body>
</html>
```

switch-style.css 文件示例代码：

```css
input[type='checkbox'].switch{
    outline: none;
    appearance: none;
    -webkit-appearance: none;
    -moz-appearance: none;
    position: relative;
    width: 40px;
    height: 20px;
    background: #ccc;
    border-radius: 10px;
    transition: border-color .3s, background-color .3s;
    margin: 0px 15px;
}

input[type='checkbox'].switch::after {
    content:'';
    display: inline-block;
    width: 1rem;
    height:1rem;
    border-radius: 50%;
    background: #fff;
    box-shadow: 0, 0, 2px, #999;
    transition:.4s;
    top: 2px;
    position: absolute;
    left: 2px;
}

input[type='checkbox'].switch:checked {
    background: rgb(19, 206, 102);
}

input[type='checkbox'].switch:checked::after {
    content:'';
    position: absolute;
    left: 55%;
    top: 2px;
}
```

例2.4代码在浏览器中运行后的效果如图2.14所示。

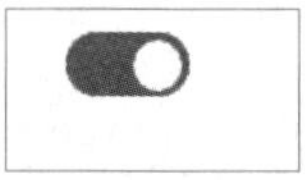

2. 格子输入框控件

在使用在线支付时，需要输入支付密码，经常会见到格子输入框控件，使用这种控件可以有效地指定用户输入的密码长度。支付密码的格

图 2.14　switch 开关控件效果

子输入框效果如图2.15所示。

图 2.15　支付密码格子输入框

格子输入框除了可以用在支付密码的输入之外，还可以用在验证码等固定字符长度的输入控件中。由于HTML的input表单元素中并没有提供格子输入框控件，所以，需要通过JavaScript和CSS代码自定义设计一个格子输入框控件。实现格子输入框控件的示例代码如例2.5所示。

例 2.5　格子输入框

index.html 文件示例代码：

```html
<!DOCTYPE html>
<html>
<head>
  <meta charset="UTF-8">
  <link rel="stylesheet" type="text/css" href="css/code-lattice.css"/>
</head>
<body>
  <div id="securityCode" class="securityCode">
    <span contenteditable="true"></span>
    <span contenteditable="false"></span>
    <span contenteditable="false"></span>
    <span contenteditable="false"></span>
    <span contenteditable="false"></span>
    <span contenteditable="false"></span>
  </div>
  <script src="js/code-lattice.js"></script>
</body>
</html>
```

code-lattice.css 文件示例代码：

```css
.securityCode {
    width: 245px;
    height: 38px;
    border: 1px solid #cccccc;
    font-size: 0px;
    border-radius: 3px;
}

.securityCode>span {
    border-right: 1px solid #cccccc;
    float: left;
    height: 100%;
    width: 40px;
    font-size: 18px;
    text-align: center;
    line-height: 38px;
}

.securityCode>span:last-child {
    border-right: 0px;
}
```

code-lattice.js 文件示例代码：

```javascript
var vCode=new VerifyCode()
vCode.init(()=>{
    console.log(vCode.passWord.join(''))
})

function VerifyCode() {
    this.domCont=null
    this.spans=[]
    this.passWord=[]
    this.activeIndex=0

    this.initDomSpans=()=>{
        this.domCont=document.querySelector('#securityCode')
        this.spans=this.domCont.getElementsByTagName('span')
        return this
    }
    this.clear=function() {
        this.passWord.length=0
        this.activeIndex=0
        let {
```

```javascript
                spans
            }=this
            for (var i=0, len=spans.length; i<len; i++) {
                spans[i].setAttribute('contenteditable', i==0?true:false)
                spans[i].innerHTML=''
            }
        }
        this.init=function(cb) {
            let {
                spans,
                passWord,
                domCont
            }=this.initDomSpans()
            spans[0].focus()
            domCont.addEventListener('click', e=>{
                let acIndex=this.activeIndex!==6?this.activeIndex:5
                spans[acIndex].focus()
            })
            domCont.addEventListener('keypress', e=>{
                if (e.target.tagName.toLowerCase()==='span') {
                    e.preventDefault()
                    if (e.target.innerHTML.length===0 && this.activeIndex<spans.length && e.keyCode!==8) {
                        var k=String.fromCharCode(e.charCode)
                        if(/\d/.test(k)) {
                            spans[this.activeIndex].innerHTML=k
                            passWord.push(k)
                            if (this.activeIndex!==spans.length-1) {
                                this.go(this.activeIndex+1)
                            }
                            this.activeIndex++
                            cb()
                        } else {
                            alert('请输入数字密码')
                        }
                    }
                }
            }, false)
            domCont.addEventListener('keyup', e=>{
                e=e||window.event
                if (e.keyCode===8) {
                    if (this.activeIndex>0) {
                        this.activeIndex--
                        this.back(this.activeIndex)
```

```
                }
            }
        }, false)
    }
    this.go=function(index) {
        let {
            spans
        }=this
        for (var i=0, len=spans.length; i<len; i++) {
            spans[i].setAttribute('contenteditable', i==index?true:false)
        }
        spans[index].focus()
    }
    this.back=index=>{
        let {
            spans,
            passWord
        }=this
        if (index>=0 && index<spans.length) {
            for (var i=0, len=spans.length; i<len; i++) {
                spans[i].setAttribute('contenteditable', i==index?true:false)
            }
            spans[index].innerHTML=''
            spans[index].focus()
            passWord.pop()
        }
    }
}
```

例2.5代码在浏览器中运行的效果如图2.16所示。

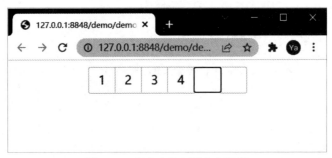

图 2.16 自定义格子输入框控件

2.3.3 案例实现

1. 页面布局

本案例包含两个页面，分别是新用户注册页面和用户登录页面，这两个页面的布局方式有很大的相似之处，都包含了头部标题区域和表单内容区域。新用户注册页面的布局效果如图2.17所示。

图 2.17　新用户注册页面结构

用户登录页面与新用户注册页面的布局结构基本相同，都是由头部标题区域和表单内容区域组成。由于用户登录页面的表单元素数量比用户注册页面要少一些，因此应该尽量缩短表单区域与标题区域的距离，这样显示页面更加协调。用户登录页面的布局效果如图2.18所示。

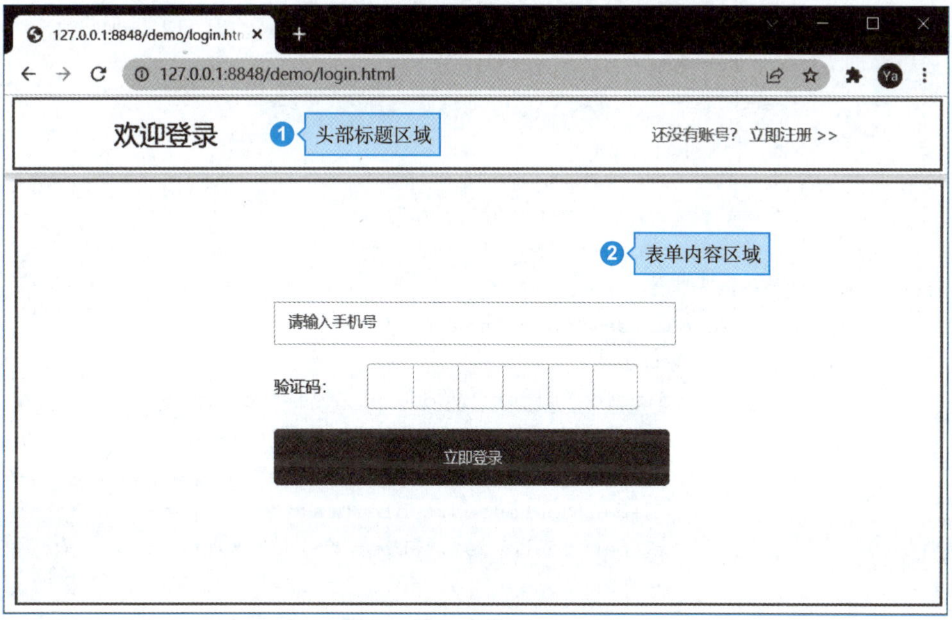

图 2.18　用户登录页面结构

在实现页面布局时，可以使用Flex弹性盒子布局控制每个区域的内容位置和排版。

2. 代码实现

在计算机的任意盘符下新建一个"demo"文件夹，作为项目的根目录，在demo文件夹下创建login.html和register.html两个文件，分别用来编写用户登录页面和新用户注册页面。然后创建demo/js/code-lattice.js文件用来编写格子输入框控件的JavaScript脚本代码，再创建三个CSS文件用来编写页面的样式和布局。项目的完整文件结构效果如图2.19所示。

用户注册与登录案例的完整代码如例2.6所示。

例2.6 用户注册与登录

demo/login.html

图2.19 项目文件结构

```html
<!DOCTYPE html>
<html>
<head>
    <meta charset="UTF-8">
    <link rel="stylesheet" type="text/css" href="css/style.css"/>
    <link rel="stylesheet" type="text/css" href="css/code-lattice.css"/>
</head>
<body>
    <div class="layout">
        <div class="headers">
            <span class="reg-title">欢迎登录</span>
            <div class="login-text">
                还没有账号？
                <a class="login-link" href="register.html">立即注册
                &gt;&gt; </a>
            </div>
        </div>
        <div class="form-container">
            <form action="" method="post">
                <input class="form-item" type="tel" name="phone" placeholder="请输入手机号" />
                <div class="form-inquiry form-item">
                    验证码:
                    <div id="securityCode" class="securityCode">
                      <span contenteditable="true"></span>
                      <span contenteditable="false"></span>
                      <span contenteditable="false"></span>
                      <span contenteditable="false"></span>
                      <span contenteditable="false"></span>
                      <span contenteditable="false"></span>
                    </div>
                </div>
```

```html
                <button class="form-item" type="submit">立即登录</button>
            </form>
        </div>
    </div>
    <script src="js/code-lattice.js"></script>
</body>
</html>
```

demo/register.html

```html
<!DOCTYPE html>
<html>
<head>
    <meta charset="UTF-8">
    <link rel="stylesheet" type="text/css" href="css/style.css"/>
    <link rel="stylesheet" type="text/css" href="css/switch-style.css"/>
</head>
<body>
    <div class="layout">
        <div class="headers">
            <span class="reg-title">新用户注册</span>
            <div class="login-text">
                已有账号,
                <a class="login-link" href="login.html">去登录 &gt;&gt;</a>
            </div>
        </div>
        <div class="form-container">
            <form action="" method="post">
                <input class="form-item" type="text" name="username" placeholder="请输入用户名">
                <input class="form-item" type="password" name="password" placeholder="请输入密码" />
                <input class="form-item" type="tel" name="phone" placeholder="请输入手机号" />
                <div class="form-inquiry form-item">
                    是否允许手机号登录:
                    <input type="checkbox" class="switch" onchange="onSwitchChange(event)"/>
                </div>
                <button class="form-item" type="submit">立即注册</button>
            </form>
        </div>
    </div>
</body>
</html>
```

demo/js/code-lattice.js

```javascript
var vCode=new VerifyCode()
vCode.init(()=>{
    console.log(vCode.passWord.join(''))
})

function VerifyCode() {
    this.domCont=null
    this.spans=[]
    this.passWord=[]
    this.activeIndex=0

    this.initDomSpans=()=>{
        this.domCont=document.querySelector('#securityCode')
        this.spans=this.domCont.getElementsByTagName('span')
        return this
    }
    this.clear=function() {
        this.passWord.length=0
        this.activeIndex=0
        let {
            spans
        }=this
        for(var i=0, len=spans.length; i<len; i++) {
            spans[i].setAttribute('contenteditable', i==0?true:false)
            spans[i].innerHTML=''
        }
    }
    this.init=function(cb) {
        let {
            spans,
            passWord,
            domCont
        }=this.initDomSpans()
        spans[0].focus()
        domCont.addEventListener('click', e=>{
            let acIndex=this.activeIndex!==6?this.activeIndex:5
            spans[acIndex].focus()
        })
        domCont.addEventListener('keypress', e=>{
            if(e.target.tagName.toLowerCase()==='span') {
                e.preventDefault()
                if (e.target.innerHTML.length===0 && this.activeIndex
<spans.length && e.keyCode!==8) {
```

```
                var k=String.fromCharCode(e.charCode)
                if(/\d/.test(k)) {
                    spans[this.activeIndex].innerHTML=k
                    passWord.push(k)
                    if(this.activeIndex!==spans.length-1) {
                        this.go(this.activeIndex+1)
                    }
                    this.activeIndex++
                    cb()
                } else {
                    alert('请输入数字密码')
                }
            }
        }
    }, false)
    domCont.addEventListener('keyup', e=>{
        e=e||window.event
        if(e.keyCode===8) {
            if (this.activeIndex>0) {
                this.activeIndex--
                this.back(this.activeIndex)
            }
        }
    }, false)
}
this.go=function(index) {
    let {
        spans
    }=this
    for (var i=0, len=spans.length; i<len; i++) {
        spans[i].setAttribute('contenteditable', i==index?true:false)
    }
    spans[index].focus()
}
this.back=index=>{
    let {
        spans,
        passWord
    }=this
    if (index>=0 && index<spans.length) {
        for (var i=0, len=spans.length;i<len; i++) {
            spans[i].setAttribute('contenteditable', i==index?true:false)
        }
        spans[index].innerHTML=''
```

```
                spans[index].focus()
                passWord.pop()
            }
        }
    }
```

demo/css/code-lattice.css

```css
.securityCode {
    width: 245px;
    height: 38px;
    margin: 10px auto;
    border: 1px solid #cccccc;
    font-size: 0px;
    border-radius: 3px;
}

.securityCode>span {
    border-right: 1px solid #cccccc;
    float: left;
    height: 100%;
    width: 40px;
    font-size: 18px;
    text-align: center;
    line-height: 38px;
}

.securityCode>span:last-child {
    border-right: 0px;
}
```

demo/css/switch-style.css

```css
/* Switch开关样式 */
/* input必须为 checkbox,class 添加 switch 才能实现以下效果 */
input[type='checkbox'].switch{
    outline: none;
    appearance: none;
    -webkit-appearance: none;
    -moz-appearance: none;
    position: relative;
    width: 40px;
    height: 20px;
    background: #ccc;
    border-radius: 10px;
    transition: border-color .3s, background-color .3s;
    margin: 0px 15px;
}
```

```css
input[type='checkbox'].switch::after {
    content:'';
    display: inline-block;
    width: 1rem;
    height:1rem;
    border-radius: 50%;
    background: #fff;
    box-shadow: 0, 0, 2px, #999;
    transition:.4s;
    top: 2px;
    position: absolute;
    left: 2px;
}

input[type='checkbox'].switch:checked {
    background: rgb(19, 206, 102);
}
/* 当input[type=checkbox]被选中时，伪元素显示下面样式，位置发生变化 */
input[type='checkbox'].switch:checked::after {
    content:'';
    position: absolute;
    left: 55%;
    top: 2px;
}
```

demo/css/style.css

```css
html,
body {
    margin: 0;
    padding: 0;
    height: 100%;
}

.layout {
    height: 100%;
    width: 100%;
}

.headers {
    height: 15%;
    border-bottom: 1px solid #eee;
    box-shadow: 0 5px 8px rgba(0, 0, 0, .07);
    display: flex;
```

```css
    align-items: center;
    justify-content: space-between;
    box-sizing: border-box;
    padding: 0px 100px;
}

.reg-title {
    font-size: 24px;
    font-family:"微软雅黑";
}

.login-text {
    font-size: 14px;
    color: #888;
}

.login-link {
    color: #EE2222;
    text-decoration: none;
}

.form-container {
    height: 85%;
    display: flex;
    align-items: center;
    justify-content: center;
}

.form-container form {
    display: flex;
    flex-direction: column;
}

.form-item {
    width: 360px;
    height: 34px;
    margin: 10px 0px;
}

input[class=form-item] {
    border: 1px solid #ccc;
    text-indent: 10px;
}
```

```
button[class=form-item] {
    border: 0;
    height: 50px;
    border-radius: 5px;
    color: #fff;
    background-color: #EE2222;
}

.form-inquiry {
    font-size: 14px;
    color: #333;
    display: flex;
    align-items: center;
}
```

2.3.4 案例拓展

通过本案例的学习，相信你已经掌握了设计表单控件的基本方法。在设计 switch 开关控件时，不仅需要实现开关的样式，还需要实时获取用户操作开关的值。根据本案例中 switch 开关控件的制作方法，设计一个用户个性化设置页面，并实时获取 switch 开关控件的值，页面效果如图 2.20 所示（案例代码参考本书配套源码中的单元 2/练习/demo2）。

图 2.20 用户个性化设置页面

2.4 【案例 3】电子时钟

视频
电子时钟

2.4.1 案例介绍

本案例是一个网页版的电子时钟特效，在页面中动态显示当前的时间，电子时钟的效果如图 2.21 所示。

图 2.21　电子时钟特效

电子时钟的数字是每隔一秒跳动一次，实时显示当前的时间。

2.4.2　案例准备

1．Date 对象

JavaScript 的 Date 对象用于处理日期和时间，获取当前时间需要先实例化 Date 对象，示例代码如下所示：

```
new Date()
```

Date 对象提供了一系列方法用于设置和获取日期与时间，其部分方法及其描述见表 2.2。

表 2.2　Date 对象的部分方法及其描述

方　　法	描　　述
getDate()	从 Date 对象返回一个月中的某一天（1～31）
getDay()	从 Date 对象返回一周中的某一天（0～6）
getFullYear()	从 Date 对象以四位数字返回年份
getHours()	返回 Date 对象的小时（0～23）
getMilliseconds()	返回 Date 对象的毫秒（0～999）
getMinutes()	返回 Date 对象的分钟（0～59）
getMonth()	从 Date 对象返回月份（0～11）
getSeconds()	返回 Date 对象的秒数（0～59）

实例化 Date 对象后，可以通过对象获取当前的日期，示例代码如下所示：

```
var date=new Date()
// 获取当前年份
```

```
var Y=date.getFullYear()
// 获取当前月份
var M=date.getMonth()+1
// 获取当天的日期
var D=date.getDate()
```

2. 定时器函数

JavaScript提供了两种定时器方法，分别是：

（1）setInterval()方法，可按照指定的周期（以毫秒计）调用函数或计算表达式。

（2）setTimeout()方法，用于在指定的毫秒数后调用函数或计算表达式。

这两个方法都需要传入两个参数，第一个参数是要调用的一段代码串，或者是一个要执行的函数。第二个参数要根据具体方法赋予其实际意义，当使用setInterval()方法时，表示每隔多少毫秒执行一次第一个参数所传入的代码串或函数；当使用setTimeout()方法时，表示等待多少毫秒之后执行第一个参数所传入的代码串或函数。下面以setInterval()方法为例，使用定时器的示例代码如下所示：

```
// 每隔3秒弹出一次Hello提示
setInterval(function(){
  alert("Hello");
}, 3000);
```

2.4.3 案例实现

在计算机的任意盘符创建demo文件夹，并在demo文件夹中创建js和css文件夹，分别用于存放JavaScript脚本代码和CSS样式代码，然后在demo文件夹下创建index.html网页文件，用于编写网页元素代码。案例的完整文件结构如图2.22所示。

图 2.22 案例的文件结构

电子时钟案例的示例代码如例2.7所示。

 例 2.7　电子时钟

demo/index.html

```
<!DOCTYPE html>
<html>
<head>
```

```html
        <meta charset="UTF-8">
        <link rel="stylesheet" type="text/css" href="css/index.css"/>
    </head>
    <body>
        <div class="layout">
            <div id="e-watch"></div>
        </div>
        <script src="js/index.js"></script>
    </body>
</html>
```

demo/js/index.js

```javascript
// 获取显示电子时钟的元素对象
var eWatch=document.getElementById('e-watch')

// 开启定时器
setInterval(getTimes, 1000)

// 获取时间的函数
function getTimes() {
    var date=new Date()
    var h=formatDate(date.getHours())
    var m=formatDate(date.getMinutes())
    var s=formatDate(date.getSeconds())
    eWatch.innerText=h+':'+m+':'+s
}

// 格式化时间的函数
function formatDate(t) {
    return t<10?'0'+t:t
}
```

demo/css/index.css

```css
html,
body {
    height: 100%;
    width: 100%;
    margin: 0;
    padding: 0;
}

.layout {
    width: 100%;
    height: 100%;
    display: flex;
```

```css
        align-items: center;
        justify-content: center;
    }

    #e-watch {
        width: 380px;
        height: 160px;
        background-color: #070E10;
        border-radius: 10px;
        color: #00D9FF;
        font-size: 42px;
        display: flex;
        align-items: center;
        justify-content: center;
        font-family:"微软雅黑";
        letter-spacing: 5px;
        box-shadow: 2px 4px 7px rgba(0, 0, 0, .5);
    }
```

2.4.4 案例拓展

通过本案例的学习，已经掌握了JavaScript定时器和日期处理的函数，在Date对象中，除了可以获取当前的时分秒之外，还可以获取当前的年月日，以及当天的星期数。结合本案例中所学到的知识，尝试在电子时钟上添加当前的年月日和星期数，效果如图2.23所示（案例代码参考本书配套源码中的单元2/练习/demo3）。

图 2.23 带日期和星期数的电子时钟

2.5 【案例 4】工作任务单

视　频
工作任务单

2.5.1　案例介绍

本案例是一个网页版的工作任务单，可以实现签到、添加工作单，工作完成状态标记、按日期查看工作单等功能。日历以周为单位进行展示，可以通过日历上方的切换按钮实现日期切换，单击"返回今天"按钮，可以一键返回当天的日期。查看周日历效果如图2.24所示。

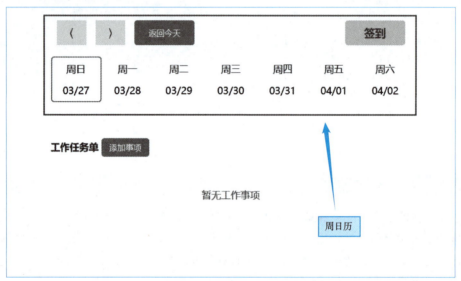

图 2.24　工作任务单日历效果

当单击周日历右上方的"签到"按钮时，完成当天的签到功能，并在日历的日期上显示"√"，表示签到完成，此时"签到"按钮的文字会变为"已签到"。签到后的效果如图2.25所示。

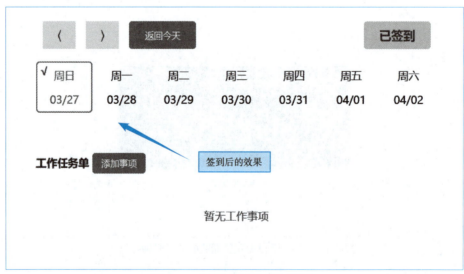

图 2.25　签到后的日历展示效果

在日历下方是工作任务单,单击"添加事项"按钮,可以添加当天的工作任务,如果想要在其他日期中添加工作任务,需要先单击指定的日期,再单击"添加事项"按钮。例如,先单击"03/30"的日期,然后为当天添加工作事项,添加事项后的效果如图2.26所示。

图 2.26　添加工作事项后的效果

单击日历中的不同日期,实现日期的切换,日历下方便会展示当天的工作事项列表。如果完成了该事项,可以单击该事项右边的"完成"按钮,该事项就会变成已完成状态,效果如图2.27所示。

图 2.27　事项已完成的效果

2.5.2 案例准备

1. Moment.js 日期处理类库

Moment.js 是一个简单易用的轻量级 JavaScript 日期处理类库,提供了日期格式化、日期解析等功能。它支持在浏览器和 NodeJS 两种环境中运行。此类库能够将给定的任意日期转换成多种不同的格式,具有强大的日期计算功能,同时也内置了能显示多样的日期形式的函数。另外,它也支持多种语言,用户可以任意新增一种语言包。

Moment.js类库的使用非常简单,直接在网页中使用 \<script\> 标签引入即可,示例代码如下所示:

```
<script src="moment.js"></script>
<script>
    moment().format();
</script>
```

在JavaScript代码中直接调用 moment() 函数即可获得Moment对象,并通过该对象提供的方法实现日期计算。日期格式化的示例代码如下所示:

```
// 取当前时间
var now=moment();
// 格式化输出
now.format('YYYY-MM-DD');
// 字符串转换成时间格式
var day=moment("9/12/2010 19:05:25","MM/DD/YYYY HH ss");
```

可以使用Moment.js类库提供的日期计算能力实现日历效果。例如,实现周日历的示例代码如例2.8所示。

例 2.8 Moment.js实现周日历

demo/index.html

```
<!DOCTYPE html>
<html>
<head>
    <meta charset="UTF-8">
    <link rel="stylesheet" type="text/css" href="css/index.css"/>
</head>
<body>
    <div class="calendar">
        <ul id="calendar-list"></ul>
    </div>
    <script src="js/moment.min.js"></script>
    <script src="js/jquery.min.js"></script>
    <script src="js/index.js"></script>
</body>
</html>
```

demo/js/index.js

```javascript
// 创建周日历
$(function() {
    var weeks=[]
    for(var i=0; i<7; i++) {
        var date=moment().weekday(i).format('MM/DD')
        var day=moment().weekday(i).day()
        var today=moment().format('MM/DD')
        weeks.push({
            date: date,
            week: formatWeek(day),
            isToday: date===today
        })
    }
    weeks.forEach(function(item) {
        var weekItem=document.createElement('li')
        var weekDiv=document.createElement('div')
        var weekText=document.createTextNode(item.week)
        weekDiv.appendChild(weekText)
        var dateDiv=document.createElement('div')
        var dateText=document.createTextNode(item.date)
        dateDiv.appendChild(dateText)
        weekItem.appendChild(weekDiv)
        weekItem.appendChild(dateDiv)
         var classes=item.isToday?'week-item active':'week-item'
        weekItem.setAttribute('class', classes)
        $('#calendar-list').append(weekItem)
    })
})

// 格式化星期数
function formatWeek(day) {
    switch(day) {
        case 0:
            return'周日';
        case 1:
            return'周一';
        case 2:
            return'周二';
        case 3:
            return'周三';
        case 4:
            return'周四';
        case 5:
```

```
                return'周五';
        case 6:
            return'周六';
    }
}
```

demo/css/index.css

```css
html,
body {
    height: 100%;
    width: 100%;
    margin: 0;
    padding: 0;
}

.calendar {
    border: 1px solid #CCCCCC;
    width: 600px;
    box-sizing: border-box;
    padding: 5px 0px;
    margin: 20px auto;
}

#calendar-list {
    list-style: none;
    margin: 0;
    padding: 0;
    display: flex;
    align-items: center;
    justify-content: space-around;
    height: 70px;
}

.week-item {
    display: flex;
    flex-direction: column;
    align-items: center;
    justify-content: space-around;
    height: 70px;
    /* border: 1px solid #ccc; */
    width: 80px;
    cursor: pointer;
}
```

```
.active {
    border: 2px solid red;
}
```

例2.8代码运行后的效果如图2.28所示。

图2.28　周日历效果

2. HTML5 Web 存储

在Web网页开发中，经常会遇到要保持用户数据的需求，Web开发早期，本地存储使用的是cookie，但是 Web 存储需要更加安全和快速的存储方式。HTML5提供了如下两个对象实现客户端存储数据的能力。

（1）localStorage：用于长久保存整个网站的数据，保存的数据没有过期时间，直到手动删除。

（2）sessionStorage：用于临时保存同一窗口（或标签页）的数据，在关闭窗口或标签页之后将会删除这些数据。

可以通过JavaScript代码检查当前使用的浏览器是否支持localStorage和sessionStorage对象，示例代码如下所示：

```
if(typeof(Storage)!=="undefined") {
    // 支持 localStorage 和 sessionStorage 对象
} else {
    // 不支持 Web 存储
}
```

无论是localStorage，还是sessionStorage，它们提供的API都相同，并且可以使用这两个对象提供的API实现数据的增删改查。下面以localStorage对象为例，用于操作数据的API如下所示：

- 保存数据：localStorage.setItem(key,value);
- 读取数据：localStorage.getItem(key);
- 删除单个数据：localStorage.removeItem(key);
- 删除所有数据：localStorage.clear();
- 得到某个索引的key：localStorage.key(index);

使用localStorage实现数据的添加和删除功能，示例代码如例2.9所示。

例 2.9　localStorage示例

demo/index.html
```
<!DOCTYPE html>
```

```html
<html>
<head>
    <meta charset="UTF-8">
    <style type="text/css">
        li {
            line-height: 30px;
        }
    </style>
</head>
<body>
    <div class="todo-container">
        <input type="text" placeholder="请输入">
        <ul id="todo-list"></ul>
    </div>
    <script src="js/jquery.min.js"></script>
    <script src="js/index.js"></script>
</body>
</html>
```

demo/js/index.js

```javascript
$(function () {
    // 渲染TODOList
    var visableTodoList=function() {
        var todoList=[]
        var liStr=''
        var list=localStorage.getItem('todoList')
        if (list) {
            todoList=JSON.parse(list)
        }
        todoList.forEach(function(item, index) {
            liStr+='<li>'
                +item
                +' <button data-index="'
                +index
                +'">删除</button></li>'
        })
        $("ul").html(liStr)
        $("input").val('')
        $("button").click(function () {
            var index=this.getAttribute('data-index')
            removeDate(index)
        })
    }
```

```
    visableTodoList()

    // 保存数据
    var saveData=function(value) {
        var todoList=[]
        var list=localStorage.getItem('todoList')
        if(list) {
            todoList=JSON.parse(list)
        }
        todoList.push(value)
        localStorage.setItem('todoList', JSON.stringify(todoList))
    }

    // 删除数据
    var removeDate=function(index) {
        var list=localStorage.getItem('todoList')
        if (!list) return
        var todoList=JSON.parse(list)
        todoList.splice(index, 1)
        localStorage.setItem('todoList', JSON.stringify(todoList))
        visableTodoList()
    }

    // 监听输入框回车事件
    $("input").keypress(function(e) {
        if(e.keyCode===13) {
            var value=e.target.value
            saveData(value)
            visableTodoList()
        }
    })
})
```

例2.9代码在浏览器中运行的效果如图2.29所示。

图 2.29 localStorage 实现的数据管理效果

2.5.3 案例实现

在计算机的任意盘符创建demo文件夹，并在demo文件夹中创建js和css文件夹，分别用于存放JavaScript脚本代码和CSS样式代码，然后在demo文件夹下创建index.html网页文件，用于编写网页元素代码。案例的完整文件结构如图2.30所示。

图 2.30　案例的文件结构

CSS文件夹中的calendar.css文件用于编写实现页面中日历区域的布局代码，todo.css文件主要用于编写页面中工作事项列表区域的布局代码。案例的页面布局效果如图2.31所示。

图 2.31　工作任务单页面布局效果

js文件夹中的layer3.1.1是用于实现弹框效果的插件，calendar.js文件用于编写实现日历功能的脚本代码，moment.min.js 文件是实现日期计算的类库源码，todos.js文件是用于编写工作事项数据增删改查的脚本代码。

工作任务单的功能实现，示例代码如例2.10所示。

例 2.10 工作任务单

demo/index.html

```
<!DOCTYPE html>
<html>
<head>
    <meta charset="UTF-8">
    <link rel="stylesheet" type="text/css" href="css/calendar.css"/>
    <link rel="stylesheet" type="text/css" href="css/todo.css"/>
</head>
<body>
    <div class="todo-container">
        <div class="calendar">
            <div class="calendar-controller">
                <div class="controller-btns">
                    <button class="change-week" id="last-week">&lang;
                    </button>
                    <button class="change-week" id="next-week">&rang;
                    </button>
                    <button class="back-today">返回今天</button>
                </div>
                <button class="sign-in">签到</button>
            </div>
            <ul id="calendar-list"></ul>
        </div>

        <div class="todo-list">
            <div class="todo-title">
                <span class="title-text">工作任务单</span>
                <button class="todo-add">添加事项</button>
            </div>
            <ul class="todo-ul"></ul>
            <div class="empty-text">暂无工作事项</div>
        </div>
    </div>
    <script src="js/jquery.min.js"></script>
    <script src="js/layer3.1.1/layer.js"></script>
    <script src="js/moment.min.js"></script>
    <script src="js/calendar.js"></script>
    <script src="js/todos.js"></script>
</body>
</html>
```

demo/js/calendar.js

```javascript
// 创建周日历
$(function() {
    var weekNumber=0

    // 查看上周日历单击事件
    $("#last-week").click(function() {
        weekNumber-=7
        createCalender(weekNumber)
    })

    // 查看下周日历单击事件
    $("#next-week").click(function() {
        weekNumber+=7
        createCalender(weekNumber)
    })

    // 返回今天单击事件
    $(".back-today").click(function() {
        weekNumber=0
        createCalender(weekNumber)
    })

    // 单击签到事件
    $(".sign-in").click(function() {
        weekNumber=0
        var signIn=todaySignIn()
        if(signIn.isSignIn) return
        var signList=signIn.signList
        signList.push(signIn.today)
        localStorage.setItem("signIn", JSON.stringify(signList))
        $(".sign-in").text("已签到")
        alert("已签到! ")
        createCalender()
    })

    // 渲染日历函数
    var createCalender=function(num) {
        if (num===undefined) {
            num=0
        }
        var weeks=[]
        var liStr=''
        for(var i=num+0; i<num+7; i++) {
```

```javascript
        var id=moment().weekday(i).format('YYYYMMDD')
        var date=moment().weekday(i).format('MM/DD')
        var day=moment().weekday(i).day()
        var today=moment().format('MM/DD')
        weeks.push({
            id: id,
            date: date,
            week: formatWeek(day),
            signIn: validatorSignIn(date),
            isToday: date===today
        })
    }
    weeks.forEach(function(item) {
        var classValue='week-item'
        if (item.signIn) {
            classValue+='sign-date'
        } else if (item.isToday) {
            classValue+=' active'
        }

        liStr+='<li class="'
            +classValue
            +'" data-id="'
            +item.id
            +'">'
            +'<div>'+item.week+'</div>'
            +'<div>'+item.date+'</div>'
            +'</li>'
    })
    $('#calendar-list').html(liStr)
    $(".week-item").click(function() {
        var id=this.getAttribute("data-id")
        getTodoListById(this, id)
    })
}

// 判断今天是否已签到
var todaySignIn=function() {
    var today=moment().format('MM/DD')
    var signList=[]
    var singIn=localStorage.getItem('signIn')
    if (singIn) {
        signList=JSON.parse(singIn)
    }
```

```js
            if (signList.includes(today)) {
                $(".sign-in").text("已签到")
            }
            weekNumber=0
            createCalender(weekNumber)
            return {
                signList: signList,
                today: today,
                isSignIn: signList.includes(today)
            }
        }
        todaySignIn()
})

// 验证签到状态
function validatorSignIn(date) {
    var singIn=localStorage.getItem('signIn')
    if (!singIn) return false
    var signList=JSON.parse(singIn)
    return signList.includes(date)
}

// 格式化星期数
function formatWeek(day) {
    switch (day) {
        case 0:
            return'周日';
        case 1:
            return'周一';
        case 2:
            return'周二';
        case 3:
            return'周三';
        case 4:
            return'周四';
        case 5:
            return'周五';
        case 6:
            return'周六';
    }
}
```

demo/js/todos.js

```js
// 渲染ToDoList列表
```

```javascript
function randerTodoList(id) {
    if(!id) {
        var todayId=localStorage.getItem("todayId")
        id=todayId?todayId:moment().format('YYYYMMDD')
    }
    var todoList=localStorage.getItem("todoList")
    if (!todoList) {
        $(".todo-ul").hide()
        $(".empty-text").show()
        return
    }
    todoList=JSON.parse(todoList)
    var temp={}
    var tempIndex=-1
    todoList.forEach(function(item, index) {
        if (item.id===id) {
            temp=item
            tempIndex=index
        }
    })

    if(!temp.id||tempIndex===-1||temp.todos.length<=0) {
        $(".todo-ul").hide()
        $(".empty-text").show()
        return
    }

    var liStr=''
    temp.todos.forEach(function(item, index) {
        liStr+=item.done
            ?'<li class="todo-item done">'
            :'<li class="todo-item">'
        liStr+=item.done
            ?'<span class="todo-item-text">'
            +item.value
            +'</span>'
            :'<span>'
            +item.value
            +'</span>'
        liStr+=item.done
            ?'<button class="done-btn disable" disabled data-index="'
            +index
            +'">'
            :'<button class="done-btn" data-index="'
```

```
                    +index
                    +'">'
        liStr+='完成</button></li>'
    })

    $(".empty-text").hide()
    $(".todo-ul").show().html(liStr)
    $(".done-btn").click(function() {
        $(this).parent().addClass("done")
        $(this).addClass("disable").attr("disabled","disabled")
        $(this).siblings("span").addClass("todo-item-text")
        var index=this.getAttribute("data-index")
        todoList[tempIndex].todos[index].done=true
        localStorage.setItem("todoList", JSON.stringify(todoList))
        randerTodoList()
    })
}

// 激活当前日期样式
function getTodoListById(node, id) {
    $(node).addClass("sel-item")
    $(node).siblings().removeClass("sel-item")
    localStorage.setItem("todayId", id)
    randerTodoList(id)
}

$(function() {
    // 获取今天的日历ID
    var todayId=moment().format('YYYYMMDD')
    localStorage.setItem("todayId", todayId)
    randerTodoList(todayId)

    // 添加事项按钮点击事件
    $(".todo-add").click(function() {
        layer.prompt({
            title:'请输入事项'
        }, function(value, index) {
            var todoList=localStorage.getItem("todoList")
            if (todoList) {
                todoList=JSON.parse(todoList)
            } else {
                todoList=[]
            }
            var todayId=localStorage.getItem("todayId")
```

```
                    if(!todayId) {
                        todayId=moment().format('YYYYMMDD')
                        localStorage.setItem("todayId", todayId)
                    }
                    var isFirst=true
                    console.log(todoList)
                    todoList.forEach(function(item) {
                        if(item.id===todayId) {
                            item.todos.push({
                                value: value,
                                done: false
                            })
                            isFirst=false
                        }
                    })
                    if(isFirst) {
                        todoList.push({
                            id: todayId,
                            todos: [{
                                value: value,
                                done: false
                            }]
                        })
                    }
                    localStorage.setItem("todoList", JSON.stringify(todoList))
                    randerTodoList(todayId)
                    layer.close(index)
                })
            })
        })
```

demo/css/calendar.css

```
html,
body {
    height: 100%;
    width: 100%;
    margin: 0;
    padding: 0;
}

.calendar {
    width: 600px;
    box-sizing: border-box;
    padding: 5px 0px;
```

```css
        margin: 20px auto;
}

#calendar-list {
        list-style: none;
        margin: 0;
        padding: 0;
        display: flex;
        align-items: center;
        justify-content: space-around;
        height: 70px;
}

.calendar-controller {
        display: flex;
        align-items: center;
        justify-content: space-between;
        box-sizing: border-box;
        padding: 0px 10px;
        margin-bottom: 20px;
}

.controller-btns {
        display: flex;
        align-items: center;
}

.change-week {
        border: 0;
        height: 40px;
        width: 50px;
        margin-right: 15px;
        cursor: pointer;
        font-size: 18px;
        background-color: #E7F9F9;
        color: #666666;
}

.back-today {
        border: 0;
        width: 100px;
        height: 40px;
        border-radius: 5px;
        background-color: #10C7BA;
```

```css
        color: #FFFFFF;
        cursor: pointer;
}

.sign-in {
        border: 0;
        width: 100px;
        height: 40px;
        border-radius: 5px;
        background-color: #FFEB42;
        color: #B25D06;
        cursor: pointer;
        font-size: 18px;
        font-weight: 600;
}

.week-item {
        display: flex;
        flex-direction: column;
        align-items: center;
        justify-content: space-around;
        height: 70px;
        width: 80px;
        cursor: pointer;
        border: 2px solid #FFFFFF;
        position: relative;
}

.active {
        border: 2px solid #10C7BA;
        border-radius: 5px;
}

.sign-date {
        /* background-color: #FFEB42; */
        border:2px solid #10C7BA;
        color: #10C7BA;
        border-radius: 5px;
        font-weight: 500;
}

.sign-date::before {
        content:'√';
        position: absolute;
```

```css
        font-size: 16px;
        top: 1px;
        left: 4px;
        font-weight: 600;
        color: #009F95;
    }

    .sel-item {
        color: #B25D06;
        border-color: #B25D06;
        border-radius: 5px;
    }
```

demo/css/todo.css

```css
    .todo-list {
        width: 600px;
        box-sizing: border-box;
        padding: 5px 0px;
        margin: 20px auto;
    }

    .title-text {
        font-weight: 600;
        color: #666666;
    }

    .todo-add {
        border: 0;
        width: 80px;
        height: 30px;
        background-color: #10C7BA;
        color: #FFFFFF;
        border-radius: 5px;
        cursor: pointer;
    }

    .todo-list {
        margin-top: 50px;
    }

    .todo-ul {
        list-style: none;
        margin: 20px 0px;
        padding: 0;
    }
```

```css
.todo-item {
    line-height: 35px;
    width: 300px;
    padding: 10px 0px 10px 40px;
    border-bottom: 1px solid #EEEEEE;
    display: flex;
    align-items: center;
    justify-content: space-between;
}

.done {
    color: #009F95;
}

.todo-item-text::before {
    content:'√';
    display: inline-block;
    width: 30px;
    margin-left: -30px;
}

.done-btn {
    margin-left: 50px;
    border: 0;
    background-color: #009F95;
    color: #FFFFFF;
    padding: 3px 10px;
    border-radius: 3px;
    cursor: pointer;
}

.disable {
    cursor: not-allowed;
    background-color: #CCCCCC;
}

.empty-text {
    color: #888888;
    text-align: center;
    margin-top: 50px;
}
```

2.5.4 案例拓展

通过本案例的学习，已经掌握了日期处理类库和Web存储的使用，并且可以通过localStorage的API实现本地数据的增删改查。那么，请结合本案例的代码，实现对工作事项的删除功能。在工作事项的右侧添加"删除"按钮，效果如图2.32所示。

图 2.32　工作事项删除按钮效果

当单击"删除"按钮时，弹框会显示"确定要删除×××吗？"提示信息，效果如图2.33所示。用户单击弹框中的"确定"按钮后，删除该条工作事项（案例代码参考本书配套源码中的单元2/练习/demo4）。

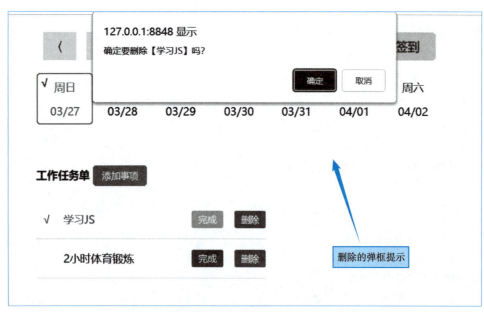

图 2.33　删除的弹框提示效果

小 结

本单元主要介绍了网页交互动效的基本概念,网页动效主要分为转场动效、展示动效、引导动效和反馈动效四类,所有网页特效也都是由这四类动效扩展出来的。在本单元中,通过四个案例学习网页特效的制作,并且学习了 input 表单元素、特殊控件、Date 对象、Moment.js 日期处理类库以及 Web 存储的使用,掌握这些基本的概念与第三方类库的使用,是实现网页特效开发的基础。

习 题

1. input 标签除处理 color 类型外,还有哪些常用的类型?
2. 简述 Date 对象中用于设置时间和获取时间的方法。
3. 简述 sessionStorage 和 localStorage 的区别。

单元 3　增强用户体验

学习目标

- 掌握 CSS3 过渡与动画的属性使用；
- 掌握 JavaScript 定时器函数的用法；
- 掌握 jQuery 的动画 API。

动画是网页中常用的特殊效果，例如图片加载、微信红包雨、轮播广告图、加载进度条等。在 CSS3、JavaScript 框架（如 jQuery 库）中都提供了动画的实现方式，也可以通过原生 JavaScript 的定时器和 DOM 操作实现网页中的动画效果。本单元将学习 JavaScript 动画的实现，如 CSS3 的 transition、animation，JavaScript 的定时器，以及 jQuery 的动画执行函数等。

3.1　Web 页面动画特效

3.1.1　CSS3 过渡与动画

视　频

Web页面动画特效

在 Web 开发的早期阶段，网页中实现动画效果都是依赖于 JavaScript 和 Flash 完成的，而在 CSS3 中新增了 transition、animation 等模块之后，可以通过一些简单的 CSS 事件触发元素的外观变化，以此实现简单动画的特效。CSS3 中实现动画的原理非常简单，可以通过鼠标的单击、获取焦点等事件平滑地改变元素的位置、样式以及大小等CSS属性值。

1. transition 过渡

transition 属性可以做出更加细腻的过渡效果，该属性用来设置一个属性状态从开始到结束这个过程的变化。这四个属性主要包括：

- transition-property：规定应用过渡的 CSS 属性的名称。
- transition-duration：定义过渡效果花费的时间。默认值是0。
- transition-timing-function：规定过渡效果的时间曲线。默认值是"ease"。
- transition-delay：规定过渡效果何时开始。默认值是 0。

transition 属性是一个简写属性，通常使用过渡属性完成元素过渡的过程。使用CSS3的

transition属性实现过渡效果的示例代码如例3.1所示。

 例 3.1　　transition过渡属性的用法

```
<!DOCTYPE html>
<html>
<head>
    <meta charset="UTF-8">
    <style type="text/css">
        .demo{
            width: 100px;
            height: 100px;
            background: #000;
            transition: height 1s;
        }
        .demo:hover{
            height: 150px;
        }
    </style>
</head>
<body>
    <div class="demo"></div>
</body>
</html>
```

在例3.1中，使用transition属性监听高度的变化，如果高度发生变化后，过渡时长为1 s。上面代码在浏览器中运行的效果如图3.1所示。

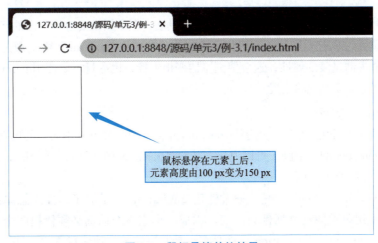

图 3.1　鼠标悬停前的效果

当鼠标悬停在矩形边框的div元素上时，该元素会平滑地过渡到最后的样式，效果如图3.2所示。

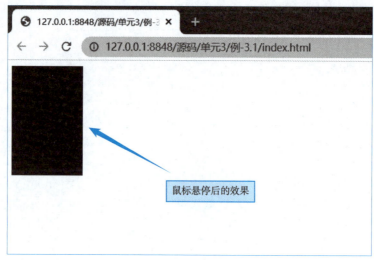

图 3.2　鼠标悬停后的效果

transition属性还可以监听高度过渡的变化，CSS的代码如下所示：

```
.demo{
    width: 100px;
    height: 100px;
    background: #000;
    transition: height 1s,width 1s;
}
.demo:hover{
    width: 150px;
    height: 150px;
}
```

通过例3.1可以知道 transition 的属性值配置很灵活，但是用户要遵循一定的规律，这不仅增加了代码的可读性，也符合浏览器解析规则的规律。在使用transition属性实现过渡效果时，尽量不要使用all值驱动过渡的属性，这会使浏览器变得卡顿；也尽量不要使用margin-left类型的属性，很可能会打乱页面元素的位置。

2. animation 动画

animation是其子属性的缩写，用法与transition相似，但是又具有本质上的区别。transition是过渡效果，而animation则是动画，可以说animation是transition的升级版，使用animation属性可以创建一个永久自动执行的动画。

在页面中如果要定义一个动画，通常使用 animation 就足够了，如果想单独改变动画的某些属性可以使用单独的动画属性去改变。构成一个完整的动画必须依赖两个属性，分别是@keyframes 和animation。animation 属性是多个动画属性的一种简写方式，其详细属性介绍见表3.1。

表 3.1　animation 所有动画属性

属　性	描　述
@keyframes	用于规定动画事件
animation-name	规定 @keyframes 动画的名称
animation-duration	规定动画完成一个周期所花费的秒或毫秒，默认值是 0
animation-timing-function	规定动画的速度曲线，默认值是 "ease"
animation-fill-mode	规定当动画不播放时要应用到元素的样式
animation-delay	规定动画何时开始，默认值是 0
animation-iteration-count	规定动画被播放的次数，默认值是 1
animation-direction	规定动画是否在下一周期逆向播放，默认值是 "normal"
animation-play-state	规定动画是否正在运行或暂停，默认值是 "running"

　　CSS3动画效果，就是使元素从一种样式逐渐变化为另一种样式的效果，我们可以通过多次样式的改变实现动画，并且可以用百分比规定样式变化的时间，或者使用"from"和"to"关键词替代百分比。在设置动画时，0%表示动画开始，100%表示动画完成，考虑到不同厂家的浏览器兼容性，在设计CSS3动画时尽量使用百分比的方式控制动画执行时间。

　　使用animation属性设置动画的示例代码如例3.2所示。

 例 3.2　　animation动画

```
<!DOCTYPE html>
<html>
<head>
    <meta charset="utf-8">
    <style>
        .demo {
            width: 100px;
            height: 100px;
            background: red;
            position: relative;
            animation: myfirst 5s;
            /* Safari and Chrome */
            -webkit-animation: myfirst 5s;
        }

        @keyframes myfirst {
            0% {
                background: red;
                left: 0px;
                top: 0px;
            }
```

```
            25% {
                background: yellow;
                left: 200px;
                top: 0px;
            }

            50% {
                background: blue;
                left: 200px;
                top: 200px;
            }

            75% {
                background: green;
                left: 0px;
                top: 200px;
            }

            100% {
                background: red;
                left: 0px;
                top: 0px;
            }
        }
    </style>
</head>
<body>
    <div class="demo"></div>
</body>
</html>
```

例3.2代码在浏览器中运行后的效果如图3.3所示。

图 3.3　animation 动画起始效果

页面中元素的运动轨迹及样式改变的效果如图3.4所示。

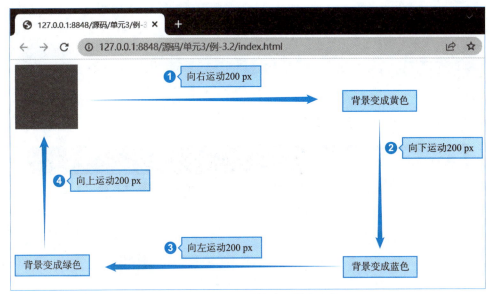

图 3.4　元素的运动轨迹及样式改变

在实现动画效果时，需要注意的是，由于"display: none"设置之后虽然元素还存在于页面中，但是该标签已经不在浏览器的渲染进程中了，所以transition不能实现隐藏与显示之间的过渡效果。如果需要实现隐藏与显示的动画效果，可以使用animation属性，这也正好弥补了transition属性的不足。

3.1.2　JavaScript实现动画特效

使用JavaScript原生代码实现网页中的动画效果，主要是利用JavaScript的定时器方法实现的，通过定时器不断地改变元素位置，实现动画的效果。JavaScript中提供了如下两个方法，用于实现定时器效果。

（1）setInterval()：间隔指定的毫秒数不停地执行指定的代码。

（2）setTimeout()：在指定的毫秒数后执行指定代码。

setInterval()方法是用于在固定的时间间隔内循环执行指定的代码，该方法的第一个参数是一个要执行的代码片段，可以声明为一个函数；第二个参数就是每次执行的时间间隔，单位是毫秒。例如，每隔3 s就弹出一次警告框，示例代码如例3.3所示。

例 3.3　setInterval()方法实现循环执行指定代码

```
<!DOCTYPE html>
<html>
<head>
    <meta charset="UTF-8">
</head>
<body>
    <script type="text/javascript">
        var count=0
```

```
            window.setInterval(function() {
                count++
                alert('第'+count+'次警告!')
            }, 3000)
        </script>
    </body>
</html>
```

例3.3代码在浏览器中运行的效果如图3.5所示。

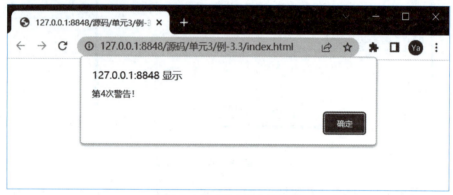

图 3.5　定时弹出警告框效果

在例3.3中，在浏览器窗口中会每隔3 s弹出一次警告框，如果不关闭浏览器窗口的话，会永久提示下去。在特定的情况下，不需要永久性地循环弹出提示，这时就需要使用清除定时器的方法。

每次调用定时器方法时都会返回当前定时器对象的ID，然后使用clearInterval()方法停止setInterval()方法执行的函数代码，在clearInterval()方法中传入要停止的定时器对象ID。

使用setInterval()方法清除定时器的示例代码如例3.4所示。

 例 3.4　setInterval()方法清除定时器

```
<!DOCTYPE html>
<html>
<head>
    <meta charset="UTF-8">
</head>
<body>
    <button onclick="stopWarning()">停止警告</button>
    <script type="text/javascript">
        var count=0;
        var timerId;

        timerId=window.setInterval(function() {
            count++
            alert('第'+count+'次警告!')
        }, 3000)
```

```
            function stopWarning() {
                window.clearInterval(timerId)
            }
        </script>
    </body>
</html>
```

例3.4代码在浏览器中运行后，效果如图3.6所示。

图 3.6　停止定时警告页面效果

当单击页面中的"停止警告"按钮后，页面中就不再弹出警告框。

除了使用setInterval()方法实现定时器之外，还可以使用setTimeout()方法实现定时任务，setTimeout()方法和setInterval()方法的用法是一样的，在功能上存在差别，setTimeout()方法是设置在规定的时间之后执行一次指定代码，其参数与setInterval()一样。如果要清除setTimeout()方法的定时器对象，需要使用clearTimeout()方法，同样需要传入一个定时器对象ID。关于setTimeout()和clearTimeout()方法的使用，可以参考本书2.4.2节的相关介绍。

3.1.3　jQuery动画的实现

JavaScript虽然提供了事件操作机制，但是由于浏览器处理事件的差异，在编写JavaScript程序时需要充分考虑到浏览器的兼容性，编写的代码过于复杂和臃肿，不利于代码的维护，会降低开发效率。

jQuery是对JavaScript的事件进行封装的JavaScript库。jQuery提供了一系列方法实现网页的动画效果，例如用于设置元素显示与隐藏的show()、hide()、toggle()方法等，还有用于实现元素淡入淡出的fadeIn()、fadeOut()方法，以及实现元素滑动和复杂动画实现的方法。

1. 显示与隐藏

显示和隐藏效果是网页设计时常用的特效之一，一般用于导航栏的二级导航，或者是其他需要鼠标悬停效果的一些元素。如果想要使用原生JS实现显示/隐藏特效，则需要对DOM进行操作，设置CSS的样式。jQuery提供了如下三个方法用于设置元素的显示与隐藏。

（1）show()：用于显示被匹配的正处于隐藏状态的元素；

（2）hide()：隐藏被匹配的正处于显示状态的元素；

（3）toggle()：用于绑定两个或多个事件处理器函数，以响应被选元素轮流的'click'事件。

在没有使用toggle()函数之前，要想实现显示和隐藏的切换效果，需要结合使用show()和hide()两个函数，示例代码如例3.5所示。

例 3.5 元素的显示与隐藏

```html
<!DOCTYPE html>
<html>
<head>
    <meta charset="utf-8">
    <script src="./js/jquery.min.js"></script>
    <script>
        $(document).ready(function () {
            $("#hide").click(function () {
                $("p").hide("slow");
            });
            $("#show").click(function () {
                $("p").show("slow");
            });
        });
    </script>
</head>
<body>
    <p>如果你单击"隐藏"按钮，我将会消失。</p>
    <button id="hide">隐藏</button>
    <button id="show">显示</button>
</body>
</html>
```

例3.5代码在浏览器中的运行效果如图3.7所示。

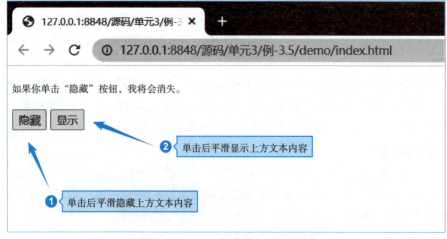

图 3.7　jQuery 的隐藏与显示效果

在例3.5中，设计了两个按钮，每个按钮绑定了一个单击事件，一个用于执行show()函数，一个用于执行hide()函数，但是在某些应用场景中，只需要使用一个按钮，就可以实现显示与隐藏的切换效果。这种情况下如果还是使用show()和hide()的话，就需要再声明一个变量用于显示或隐藏状态的判断，比较麻烦。使用了toggle()函数就可以解决这个问题。只需要将例3.5中的JavaScript脚本修改为下面的代码即可，修改后的JavaScript脚本代码如下所示：

```
$(document).ready(function() {
    $("button").click(function() {
        $("p").toggle("slow");
    });
});
```

2. 淡入淡出

jQuery提供了用于元素淡入淡出效果的实现方法，通过这些方法，可以为元素添加带有动画的淡入淡出特效，提高开发效率。这些方法分别为：

（1）fadeIn()：用于淡入已隐藏的元素，通过不透明度的变化实现所有匹配元素的淡入效果，并在动画完成后可选地触发一个回调函数。

（2）fadeOut()：用于淡出可见元素，它的参数值与fadeIn()的值一样。

（3）fadeToggle()：通过不透明度的变化来开关所有匹配元素的淡入和淡出效果，并在动画完成后可选地触发一个回调函数。

（4）fadeTo()：把所有匹配元素的不透明度以渐进方式调整到指定的不透明度，并在动画完成后可选地触发一个回调函数。

以fadeToggle() 方法为例，该方法可以在fadeIn()与fadeOut()方法之间进行切换。如果元素已淡出，则fadeToggle()方法会向元素添加淡入效果；如果元素已淡入，则fadeToggle()会向元素添加淡出效果。示例代码如例3.6所示。

例 3.6 元素淡出效果

```
<!DOCTYPE html>
<html>
<head>
    <meta charset="utf-8">
    <script src="./js/jquery.min.js"></script>
    <script>
        $(document).ready(function() {
            $("button").click(function() {
                $("#div1").fadeTo("slow", 0.25);
            });
        });
    </script>
    <style>
        div {
            width: 80px;
            height: 80px;
        }
```

```
        </style>
    </head>
    <body>
        <button>单击颜色变淡</button>
        <br><br>
        <div id="div1" style="background-color:red;"></div>
    </body>
</html>
```

例3.6代码在浏览器中运行的效果如图3.8所示。

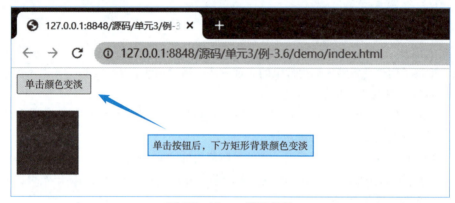

图 3.8　jQuery 淡出效果

网页中元素的淡入淡出效果，是网页中常见的特效，一般会用于导航时鼠标悬停效果显示二级导航，或者是轮播图切换的效果。如果使用原生JavaScript编写淡入淡出效果，需要对元素添加状态变量，来判断当前元素是处于显示还是隐藏状态。使用jQuery的淡入淡出效果方法，可以快速实现该特效，提高开发效率。

3. 滑动

jQuery滑动是通过被匹配元素的高度不断变化，从而实现的一种元素显示或隐藏的特效，使其在显示或隐藏过程中带有动画效果。jQuery提供的滑动方法有：

（1）slideDown()：通过高度变化（向下增大）来动态地显示所有匹配的元素，即将匹配元素向下滑动，在显示完成后可选地触发一个回调函数。

（2）slideUp()：通过高度变化（向上减小）来动态地隐藏所有匹配的元素，即将匹配元素向上滑动，在隐藏完成后可选地触发一个回调函数。

（3）slideToggle()：通过高度变化来切换所有匹配元素的可见性，并在切换完成后可选地触发一个回调函数。

简单来说，slideToggle()方法可以在 slideDown() 与 slideUp() 方法之间进行切换。如果元素向下滑动，则 slideToggle() 可向上滑动该元素；如果元素向上滑动，则 slideToggle() 可向下滑动它们。slideToggle()方法实现元素滑动的示例代码如例3.7所示。

例 3.7　元素滑动效果

```
<!DOCTYPE html>
<html>
```

```
<head>
    <meta charset="utf-8">
    <script src="./js/jquery.min.js"></script>
    <script>
        $(document).ready(function() {
            $("#flip").click(function() {
                $("#panel").slideToggle("slow");
            });
        });
    </script>

    <style type="text/css">
        #panel,
        #flip {
            padding: 5px;
            text-align: center;
            background-color: #e5eecc;
            border: solid 1px #c3c3c3;
        }

        #panel {
            padding: 50px;
            display: none;
        }
    </style>
</head>

<body>
    <div id="flip">显示或隐藏面板</div>
    <div id="panel">Hello world!</div>
</body>
</html>
```

例3.7代码在浏览器中运行后的效果如图3.9所示。

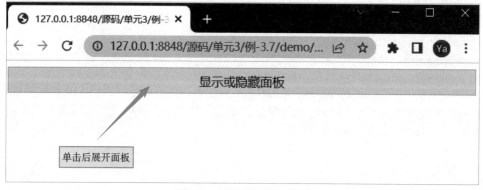

图3.9 面板展开前的效果

当单击图3.9中的面板标题后，面板内容区域会平滑地向下展开，展开后的效果如图3.10所示。

图 3.10　面板滑动展开后的效果

jQuery滑动效果方法只适用于元素上下的折叠或展开效果，可以便捷地实现元素显示与隐藏的特效。一般应用于后台管理系统的二级导航的显示与隐藏效果，或者是用于折叠面板的效果。使用jQuery滑动效果，提高了折叠面板类元素开发的效率。

4．动画

在设计网页特效时，jQuery提供了很多方法来实现网页中的动画效果，这些方法包括：
- animate()：用于创建自定义动画的函数。
- stop()：停止所有在指定元素上正在运行的动画或效果。
- delay()：对队列中下一项的执行设置延迟。
- finish()：停止当前正在运行的动画，删除所有排队的动画，并完成匹配元素所有动画。

使用animate()方法实现页面动画的示例代码如例3.8所示。

例 3.8　animation()方法实现动画效果

```html
<!DOCTYPE html>
<html>
<head>
    <meta charset="utf-8">
    <script src="./js/jquery.min.js"></script>
    <script>
        $(document).ready(function () {
            $("button").click(function () {
                $("div").animate({
                    left:'250px',
                    opacity:'0.5',
                    height:'150px',
                    width:'150px'
                });
            });
        });
    </script>
```

```
    <style type="text/css">
        div {
            background: #98bf21;
            height: 100px;
            width: 100px;
            position: absolute;
        }
    </style>
</head>

<body>
    <button>开始动画</button>
    <div></div>
</body>
</html>
```

例3.8代码在浏览器中的运行效果如图3.11所示。

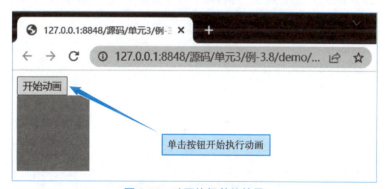

图 3.11　动画执行前的效果

单击"开始动画"按钮后，下方矩形开始执行动画效果，动画执行完成后的效果如图3.12所示。

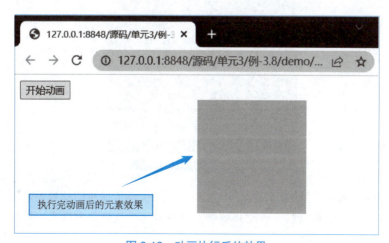

图 3.12　动画执行后的效果

在例3.8的示例代码中，生成动画的过程中可同时使用多个属性。可以用animate()方法操作大多数CSS属性，不过，当使用animate()时，必须使用Camel标记法书写所有属性名，例如，必须使用"paddingLeft"而不是"padding-left"，使用"marginRight"而不是"margin-right"。可以通过CSS属性来操作位置、大小等变化的动画，但是不能改变元素的颜色，jQuery库中并不包含色彩动画。

视 频

微信红包领取动画

3.2 【案例1】微信红包领取动画

3.2.1 案例介绍

本案例是一个微信领取红包的动画特效，适用于所有H5营销场景。初始页面是一个红包图片和"开"字按钮，按钮会不断地闪动，页面效果如图3.13所示。

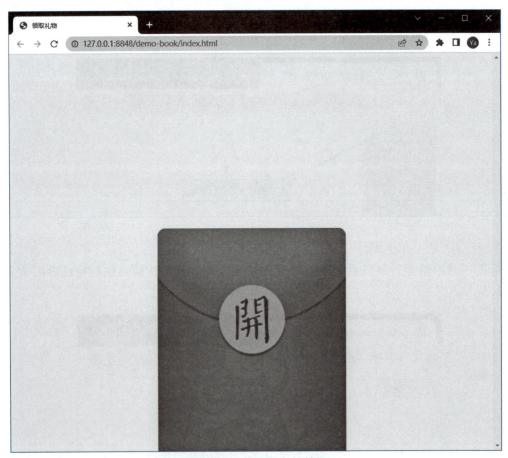

图 3.13 红包领取初始效果

页面中的动画效果可以使用CSS3实现，也可以使用jQuery提供的动画函数实现。用户单击页面中的闪动按钮，红包执行打开的动画效果，金额卡片会从红包内滑出。红包开启后的效果如图3.14所示。

图 3.14　红包开启后的效果

 3.2.2　案例准备

1. CSS3 动画

CSS3提供了animation动画属性，该属性的用法类似于transition。CSS3的animation由如下三部分组成：

（1）关键帧（keyframes）：定义动画在不同阶段的状态。

（2）动画属性（properties）：决定动画的播放时长、播放次数，以及用何种函数式播放动画等。

（3）CSS属性：决定CSS元素在不同关键帧的状态。

如果要使用CSS3创建一个动画效果，首先需要使用"@keyframes"为动画命名，然后在关键帧对象中以百分比的方式或关键词的方式设置不同帧的动画状态，最后设置动画播放属性和CSS属性。例如，先声明一个名为"dropdown"的关键帧对象，把关键帧分为0%、50%、100%三个阶段，然后将动画时长设置为6 s，想要循环播放就要将animation设置为infinite。关于dropdown动画的示例代码如下所示：

```
.demo {
    animation: dropdown 6s linear infinite;
}
@keyframes dropdown {
    0% { margin-top: 0px;}
```

```
    50% { margin-top: -100px;}
    100% { margin-top: -200px;}
}
```

在定义关键帧时,每个关键帧中的属性个数如果发生变化,那么在没有发生属性个数变化的关键帧中,额外定义的值为缺省效果。例如,仅在某一个关键帧中设置了"left"样式,那么其他关键帧中将会设置该属性为默认值,省略后在动画效果中不会出现相关的效果,示例代码如下所示:

```
@keyframes dropdown {
    0% { top: 0; }
    30% { top: 300px; }
    50% { top: 150px; }
    70% { top: 300px; }
    80% { top: 0px;   left:-200px;}
    100% { top: 0px;  }
}
```

上面示例代码中,除了80%关键帧之外其他关键帧都没有设置left样式,其效果和下面示例代码完全相同:

```
@keyframes dropdown {
    0% { top: 0; left:0px;}
    30% { top: 300px; left:0px;}
    50% { top: 150px; left:0px;}
    70% { top: 300px; left:0px;}
    80% { top: 0px;   left:-200px;}
    100% { top: 0px;  left:0px;}
}
```

2. jQuery 事件处理

在浏览网页时,通常可以看到各种炫丽的动画效果和酷炫的交互特效,这些效果不只是由CSS3实现的,如果想要更加复杂的特效,还需要借助jQuery的动画函数来处理。

在执行jQuery动画函数时,需要通过事件来触发动画函数。jQuery封装了一系列JavaScript的常用事件,方便开发者便捷地绑定这些事件。jQuery封装的常用事件见表3.2。

表 3.2　jQuery 的常用事件

事件	描述
click	在元素区域内单击鼠标时触发该事件
mousedown	在元素区域内按下鼠标按键时触发该事件
mouseup	在元素区域内松开鼠标按键时触发该事件
mouseover	光标进入元素区域内触发该事件
mouseout	光标离开元素区域内触发该事件

（续）

事件	描述
mousemove	光标在元素区域内移动时触发该事件
keydown	键盘按下时触发该事件
keyup	键盘弹起时触发该事件
upload	当用户离开页面时触发该事件
resize	当浏览器窗口尺寸改变时触发该事件
scroll	绑定事件的元素内容滚动时触发该事件
focus	元素获取焦点时触发该事件
blur	元素失去焦点时触发该事件
select	当元素的文本内容被选定时触发该事件
change	当元素的值发生改变时触发该事件
submit	当表单被提交时触发该事件
ready	当网页内DOM加载完成后触发该事件

jQuery除了封装JavaScript常用事件外，还简化了事件绑定和处理的方法。以鼠标单击事件为例，示例代码如下所示：

```
$("p").click(function(){
  $(this).hide();
});
```

click()方法是当按键单击事件被触发时会调用一个函数。在上面的示例代码中，当单击事件在某个 <p> 元素上触发时，隐藏当前的 <p> 元素。

除了使用简化的事件方法之外，用户还可以使用bind()和on()方法绑定事件。bind()方法向被选元素添加一个或多个事件处理程序，以及当事件发生时运行的函数。on()方法添加的事件处理程序适用于当前及未来的元素，如由脚本创建的新元素。这两个方法的用法相同，示例代码如下所示：

```
$("p").bind("click",function(){
    alert("这个段落被单击了。");
});
```

或

```
$("p").on("click",function(){
    alert("这个段落被单击了。");
});
```

3.2.3 案例实现

在计算机的任意盘符创建demo文件夹，并在demo文件夹中分别创建css、js和image文件夹，分别用于存放CSS样式代码、JavaScript脚本代码和案例中需要使用的图片文件，然后在demo文件夹下创建index.html网页文件，用于编写网页元素代码。案例的完整文件结构如图3.15所示。

微信红包领取动画的示例代码如例3.9所示。

图 3.15　案例的完整文件结构

例 3.9　微信红包领取

demo/index.html

```html
<!DOCTYPE html>
<html lang="en">
<head>
    <meta charset="UTF-8">
    <title>领取礼物</title>
    <link href="css/base.css" rel="stylesheet" type="text/css" />
    <link href="css/index.css" rel="stylesheet" type="text/css"/>
</head>
<body>
<div class="draw-gift">
    <div class="draw-img">
        <div class="draw-up hide"></div>
        <div class="draw-up-up" id="draw-up-up"></div>
        <div class="draw-mid draw-mid-move"></div>
        <div class="draw-down"></div>
        <div class="draw-down2 hide"></div>
        <div class="draw-list">
            <div class="bonus-text">
                9.9元现金红包
            </div>
        </div>
    </div>
</div>
<script src="js/jquery.min.js"></script>
<script src="js/index.js"></script>
</body>
</html>
```

demo/js/index.js

```javascript
$(function() {
    $(".draw-img").on("click", function() {
        $(".draw-mid").removeClass("draw-mid-move").css({
            display:"none"
        });
        $(".draw-up").animate({
            opacity:"1"
```

```
        }, 100);
        $("#draw-up-up").animate({
            opacity: "1",
            top:"-4.12rem"
        }, 200);

        $(".draw-down").animate({
            opacity:"0"
        }, 300);
        $(".draw-down2").animate({
            opacity:"1"
        }, 300);
        $(".draw-list").animate({
            opacity:"1"
        }, 600).animate({
            top:"-4.4rem"
        }, 1000);
    });
})
```

demo/css/index.css

```
html,
body {
    width: 100%;
    height: 100%;
}

.hide {
    opacity: 0;
}

.draw-gift {
    width: 100%;
    height: 100%;
    overflow: hidden;
}

.draw-gift .draw-img {
    width: 100%;
    position: relative;
    margin-top: 6.5rem;
}

.draw-gift .draw-img .draw-down {
```

```css
    position: absolute;
    width: 9rem;
    height: 9.9rem;
    background-position: center;
    background-repeat: no-repeat;
    background-size: 100% 100%;
    background-image: url(../image/open-no.png);
    left: 50%;
    margin-left: -4.5rem;
    z-index: 10;
}

@-webkit-keyframes draw-down {
    0% {
        opacity: 1;
    }

    50% {
        opacity: 0.5;
    }

    100% {
        opacity: 0;
    }
}

.draw-gift .draw-img .draw-down2 {
    position: absolute;
    width: 9rem;
    height: 9.9rem;
    background-position: center;
    background-repeat: no-repeat;
    background-size: 100% 100%;
    background-image: url(../image/open-before.png);
    left: 50%;
    margin-left: -4.5rem;
    z-index: 10;
}

@-webkit-keyframes draw-down2 {
    0% {
        opacity: 0;
    }
```

```css
    50% {
        opacity: 0.5;
    }

    100% {
        opacity: 1;
    }
}

.draw-gift .draw-img .draw-mid {
    position: absolute;
    width: 3rem;
    height: 3rem;
    background-position: center;
    background-repeat: no-repeat;
    background-size: 100% 100%;
    background-image: url(../image/open.png);
    left: 50%;
    margin-left: -1.5rem;
    z-index: 100;
    top: 1.9rem;
    cursor: pointer;
}

.draw-gift .draw-img .draw-mid-move {
    -webkit-animation: open 0.2s linear 0.5s infinite alternate;
    -webkit-animation-timing-function: cubic-bezier(0.25, 0.1, 0.25, 1);
    animation: open 0.2s linear 0.5s infinite alternate;
    animation-timing-function: cubic-bezier(0.25, 0.1, 0.25, 1);
}

@keyframes open {
    0% {
        transform: scale(1);
    }

    100% {
        transform: scale(0.9);
    }
}

@-webkit-keyframes open {
    0% {
        -webkit-transform: scale(1);
    }
```

```css
    100% {
        -webkit-transform: scale(0.9);
    }
}

.draw-gift .draw-img .draw-up {
    position: absolute;
    width: 9rem;
    height: 4.15rem;
    background-position: center;
    background-repeat: no-repeat;
    background-size: 100% 100%;
    background-image: url(../image/open-back-1.png);
    left: 50%;
    margin-left: -4.5rem;
    top: 0;
    z-index: 8;
    opacity: 0;
}

.draw-gift .draw-img .draw-up-up {
    position: absolute;
    width: 9rem;
    height: 4.12rem;
    background-position: center;
    background-repeat: no-repeat;
    background-size: 100% 100%;
    background-image: url(../image/open-back-2.png);
    left: 50%;
    margin-left: -4.5rem;
    top: 0;
    opacity: 0;
    z-index: 3;
}

.draw-gift .draw-img .draw-list {
    position: absolute;
    width: 5rem;
    height: 6rem;
    left: 50%;
    margin-left: -2.5rem;
    top: 3.5rem;
```

```
        opacity: 0;
        z-index: 8;
        display: flex;
        align-items: center;
        justify-content: center;
}

.bonus-text {
        width: 100%;
        height: 100%;
        border-radius: 10px;
        background-color: #EC4153;
        color: #FFEA76;
        display: flex;
        align-items: center;
        justify-content: center;
}
```

3.2.4 案例拓展

通过本案例的学习，读者应该掌握了jQuery动画方法和CSS3 animation动画属性的使用，请结合本案例中动画效果的实现，设计一个大转盘的抽奖动画，页面效果如图3.16所示。

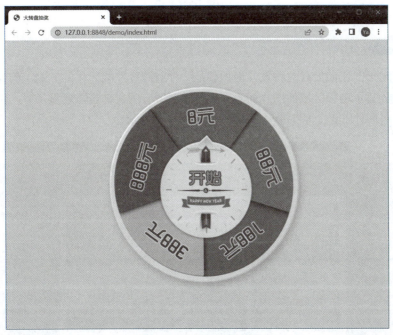

图 3.16 大转盘抽奖效果

单击大转盘中心的"开始"按钮，大转盘开始顺时针旋转，等待大转盘旋转结束后，指针指向奖项，并弹出中间提示，效果如图3.17所示（案例代码参考本书配套源码中的单元3/练习/demo1）。

图 3.17 中奖提示效果

视　频

图片懒加载

3.3 【案例 2】图片懒加载

3.3.1 案例介绍

本案例实现了图片懒加载的特效，懒加载是一种对网页性能优化的方式。例如，当用户访问网页时，优先显示可视区域的图片而不一次性加载所有图片，当需要显示时，再发送图片请求，避免打开网页时加载过多资源。案例的效果如图3.18所示。

图 3.18 案例页面效果

当一个页面需要加载的图片过多时，就需要懒加载的协助。若当页面需要加载过多的图片时，在首次载入时一次性加载会耗费很长时间，使用图片懒加载可以极大地提升页面可视区域的图片加载速度、减轻服务器的压力、节省因过多加载所消耗的流量。当用户向下滑动滚动条，继续查看图片时，页面会加载需要展示的图片，而未显示的图片会使用加载动画占位。图片加载效果如图3.19所示。

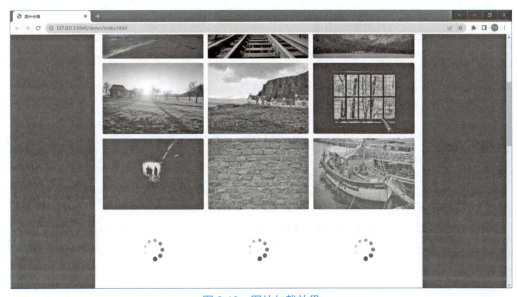

图 3.19　图片加载效果

3.3.2　案例准备

为了更便捷地实现图片懒加载的特效，需要使用一个开源插件，即FunLazy插件。FunLazy是一个无任何依赖的轻量级图片懒加载插件，可完美支持主流的现代高级浏览器，组件会优先使用Intersection Observer API，以此提高懒加载的性能。

在使用FunLazy组件之前，首先需要在HTML文件中引入funlazy.js文件，示例代码如下所示：

```
<script src="funlazy.min.js"></script>
```

可以直接使用FunLazy()函数实现页面中的图片懒加载，示例代码如下所示：

```
<img data-funlazy="1.jpg" width="500" height="309">
<img data-funlazy="2.jpg" width="500" height="309">
<img data-funlazy="3.jpg" width="500" height="309">

<script>
    FunLazy();
</script>
```

通过FunLazy()函数提供的参数对象实现图片懒加载的配置，示例代码如下所示：

```
FunLazy({
    placeholder:"thumb.jpg",
```

```
        effect:"fadeIn"
});
```

FunLazy插件支持的配置参数见表3.3。

表3.3 FunLazy 插件配置参数

参　　数	说　　明	类　　型	默　认　值
container	目标容器的选择器	String	body
effect	图片显示效果，可选值show/fadeIn	String	show
placeholder	占位图片	String	base64编码
threshold	边界值，单位px	Number	0
width	图片宽度	Number/String	
height	图片高度	Number/String	
axis	容器滚动方向，可选值：x, y	String	y
eventType	指定加载图片的鼠标事件，可选值：click、dblclick、mouseover	String	
onSuccess	图片加载成功时执行的回调函数	Function	
onError	图片加载失败时执行的回调函数	Function	
strictLazyMode	严格懒加载模式	Boolean	true
beforeLazy	在进行懒加载操作前执行的函数	Function	
autoCheckChange	自动检测目标元素内需要进行懒加载操作的元素的变化	Boolean	false
useErrorImagePlaceholder	当图片加载失败时，使用指定的图片进行占位显示	Boolean/String	false

3.3.3　案例实现

在计算机的任意盘符创建demo文件夹，并在demo文件夹中分别创建css、js和img文件夹，分别用于存放CSS样式代码、JavaScript脚本代码和案例中需要使用的图片文件，然后在demo文件夹下创建index.html网页文件，用于编写网页元素代码。案例的完整文件结构如图3.20所示。

图片懒加载的示例代码如例3.10所示。

图3.20　案例的完整文件结构

 图片懒加载

demo/index.html

```
<!DOCTYPE html>
<html>
<head>
    <meta charset="utf-8">
    <meta name="apple-mobile-web-app-capable" content="yes">
    <link rel="stylesheet" type="text/css" href="css/index.css"/>
</head>
```

```html
<body>
    <div class="container">
        <h1>
            <b>图片合辑</b>
            <span>精美风景摄影专题</span>
        </h1>
        <div class="wrapper">
            <div id="img-box">
                <ul>
                    <li><img data-funlazy="./img/308210.jpg"></li>
                    <li><img data-funlazy="./img/308211.jpg"></li>
                    <li><img data-funlazy="./img/308212.jpg"></li>
                    <li><img data-funlazy="./img/308213.jpg"></li>
                    <li><img data-funlazy="./img/308214.jpg"></li>
                    <li><img data-funlazy="./img/308215.jpg"></li>
                    <li><img data-funlazy="./img/308216.jpg"></li>
                    <li><img data-funlazy="./img/308217.jpg"></li>
                    <li><img data-funlazy="./img/308218.jpg"></li>
                    <li><img data-funlazy="./img/308219.jpg"></li>
                    <li><img data-funlazy="./img/308220.jpg"></li>
                    <li><img data-funlazy="./img/308221.jpg"></li>
                    <li><img data-funlazy="./img/308222.jpg"></li>
                </ul>
            </div>
        </div>
    </div>
    <script src="js/funlazy.min.js"></script>
    <script src="js/index.js"></script>
</body>
</html>
```

demo/js/index.js

```js
FunLazy({
    placeholder:'./img/loading.gif',
    onSuccess: function(el, img) {
        console.log("图片: "+img+"已加载");
    }
});
```

demo/css/index.css

```css
* {
    margin: 0;
    padding: 0;
    outline: 0;
    box-sizing: border-box
}
```

```css
body {
    background: #1f1f1f;
    user-select: none
}

.container {
    overflow: hidden;
    margin: 0 auto;
    width: 1000px
}

h1 {
    color: #fff;
    font-weight: 400;
    font-size: 40px;
    margin-top: 30px;
    cursor: default
}

h1 span {
    font-size: 15px
}

h1 div {
    float: right;
    margin-top: 20px
}

h1 a {
    display: block;
    float: right;
    width: 70px;
    height: 28px;
    line-height: 26px;
    background: #fff;
    color: #000;
    border: transparent solid 1px;
    text-align: center;
    border-radius: 14px;
    font-size: 14px;
    font-weight: 700;
    text-decoration: none;
    transition: .2s
}

h1 a:first-child {
    margin-left: 10px
}
```

```css
h1 a:hover {
    background: 0 0;
    color: #fff;
    border-color: #fff
}

.wrapper {
    background: #fff;
    border-radius: 6px;
    padding: 17px;
    margin: 30px 0;
    overflow: hidden
}

.wrapper ul {
    display: block;
    overflow: hidden
}

.wrapper li {
    overflow: hidden;
    position: relative;
    list-style: none;
    display: block;
    float: left;
    width: 308px;
    height: 210px;
    margin: 7px;
    background-repeat: no-repeat;
    background-position: center;
    border-radius: 4px
}

.wrapper li img {
    display: block;
    position: absolute;
    width: 100%;
    height: 100%;
    top: 0;
    left: 0;
    border-radius: 4px
}

@media screen and (max-width:500px) {
    .container {
        width: 92%
    }
```

```css
h1 {
    font-size: 32px
}

h1 div {
    display: none
}

.wrapper {
    margin: 20px 0;
    padding: 10px
}

.wrapper li {
    width: calc(100%/2-16px);
    height: 110px
}
}
```

3.3.4 案例拓展

通过本案例的学习，读者能够使用FunLazy插件实现页面中的图片懒加载特效，并且在图片加载成功前使用加载动画进行图片占位。如果在网络异常的情况下，页面中的图片加载失败，需要显示图片加载失败的图例。结合本案例所学知识，实现图片加载失败的例图展示，效果如图3.21所示（案例代码参考本书配套源码中的单元3/练习/demo2）。

图 3.21　图片加载失败的效果

3.4 【案例3】图片轮播

视　频

图片轮播

3.4.1 案例介绍

轮播图是指在一个模块或者窗口，通过鼠标单击或手指滑动后，可以看到多张图片。这些图片统称为轮播图，而该模块见称为轮播模块。轮播图常用于电商类应用、资讯类应用、功能首页、功能模块主页面。

本案例是使用JavaScript、jQuery以及第三方组件库实现企业官网中的轮播图的广告展示，轮播图最广泛的应用场景是网站首页的广告宣传，一般营销性网站的首页都会有一个轮播区域。网站首页的轮播图效果如图3.22所示。

图 3.22　网站首页轮播图效果

一般情况下，轮播图会设置固定时间间隔的自动轮播，图片会从右向左进行轮播，也可以在轮播图的两侧放置两个用于轮播的按钮。当用户单击按钮时，图片会根据单击的按钮位置进行左右轮播，手动轮播效果如图3.23所示。

图 3.23　图片手动轮播按钮示例

3.4.2 案例准备

为了快速实现轮播图特效，需要使用Swiper轮播插件。Swiper是一款开源的滑动特效插件，可应用在PC端和移动端，常用于实现焦点图、Tab切换、轮播图等特效。

在使用Swiper插件之前，首先需要在HTML文件中引入Swiper所需的样式文件和脚本文件，示例代码如下所示：

```html
<!DOCTYPE html>
<html>
<head>
    ...
    <link rel="stylesheet" href="dist/css/swiper-bundle.min.css">
</head>
<body>
    ...
    <script src="dist/js/swiper-bundle.min.js"></script>
    ...
</body>
</html>
```

在HTML的标签上添加Swiper容器类名以及Swiper轮播元素的类名，示例代码如下所示：

```html
<div class="swiper">
    <div class="swiper-wrapper">
        <div class="swiper-slide">Slide 1</div>
        <div class="swiper-slide">Slide 2</div>
        <div class="swiper-slide">Slide 3</div>
    </div>
    <!-- 如果需要分页器 -->
    <div class="swiper-pagination"></div>

    <!-- 如果需要导航按钮 -->
    <div class="swiper-button-prev"></div>
    <div class="swiper-button-next"></div>

    <!-- 如果需要滚动条 -->
    <div class="swiper-scrollbar"></div>
</div>
```

一切准备就绪后，需要在JavaScript脚本中实例化Swiper对象，并配置相关的参数，示例代码如下所示：

```html
<script>
  var mySwiper=new Swiper ('.swiper', {
    direction:'vertical',            // 垂直切换选项
    loop: true,                      // 循环模式选项
```

```
    // 如果需要分页器
    pagination: {
      el:'.swiper-pagination',
    },

    // 如果需要前进后退按钮
    navigation: {
      nextEl:'.swiper-button-next',
      prevEl:'.swiper-button-prev',
    },

    // 如果需要滚动条
    scrollbar: {
      el:'.swiper-scrollbar',
    },
  })
</script>
```

3.4.3 案例实现

1. 页面结构

本案例需要通过 <div> 标签实现页面的布局效果。整个页面分为两个区域进行展示，第一区域为轮播广告区，用于展示轮播广告图，效果如图3.24所示。

图 3.24 轮播广告图区域效果

第二个区域为特色服务介绍区域，使用横向排列的标签展示，效果如图3.25所示。

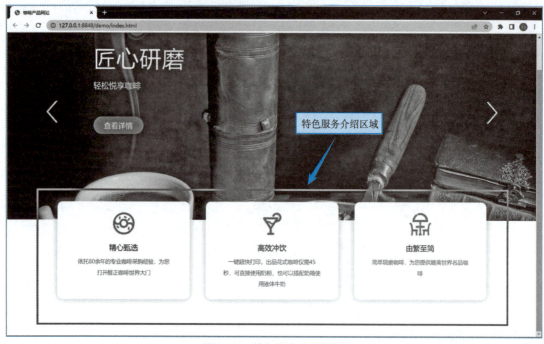

图 3.25　特色服务介绍区域

2. 代码实现

在计算机的任意盘符创建demo文件夹，并在demo文件夹中分别创建css、js和image文件夹，分别用于存放CSS样式代码、JavaScript脚本代码和案例中需要使用的图片文件，然后在demo文件夹下创建index.html网页文件，用于编写网页元素代码。案例的完整文件结构如图3.26所示。

图片轮播案例的示例代码如例3.11所示。

图 3.26　案例的完整文件结构

　轮播广告图片

demo/index.html

```
<!DOCTYPE html>
<html>
    <head>
        <meta charset="UTF-8">
        <link rel="stylesheet" type="text/css" href="css/swiper.min.css">
        <link rel="stylesheet" type="text/css" href="css/index.css">
    </head>
    <body>
        <!--轮播图-->
        <div class="slider swiper-container swiper-container-horizontal">
            <ul class="swiper-wrapper" style="transform: translate3d(-1920px, 0px, 0px); transition-duration: 0ms;">
```

```html
                <li class="swiper-slide swiper-slide-active" data-swiper-slide-index="0" style="width: 1920px;">
                    <img src="./images/banner-01.jpeg">
                    <div class="w1200">
                        <div class="slider-txt">
                            <div class="title">匠心研磨</div>
                            <div class="sub-title">轻松悦享咖啡</div>
                            <a href="#" class="btn"><span>查看详情</span>
                            </a>
                        </div>
                    </div>
                </li>
                <li class="swiper-slide swiper-slide-next" data-swiper-slide-index="1" style="width: 1920px;">
                    <img src="./images/banner-02.jpeg">
                    <div class="w1200">
                        <div class="slider-txt">
                            <div class="title">精心甄选</div>
                            <div class="sub-title">轻松悦享咖啡</div>
                            <a href="#" class="btn"><span>查看详情</span>
                            </a>
                        </div>
                    </div>
                </li>
                <li class="swiper-slide swiper-slide-duplicate-prev" data-swiper-slide-index="2" style="width: 1920px;">
                    <img src="./images/banner-03.jpeg">
                    <div class="w1200">
                        <div class="slider-txt">
                            <div class="title">醇正享受</div>
                            <div class="sub-title">轻松悦享咖啡</div>
                            <a href="#" class="btn"><span>查看详情</span></a>
                        </div>
                    </div>
                </li>
            </ul>
            <div class="arrow">
                <div class="swiper-button-next"></div>
                <div class="swiper-button-prev"></div>
            </div>
        </div>
        <!--特色服务-->
        <div class="services">
            <div class="w1200">
```

```html
                    <ul>
                        <li>
                            <img src="images/icon-tianpin.png">
                            <p class="title">精心甄选</p>
                            <p class="desc">
                                依托80余年的专业咖啡采购经验，为您打开醇正咖啡世界大门
                            </p>
                        </li>
                        <li>
                            <img src="images/icon-yinpin.png">
                            <p class="title">高效冲饮</p>
                            <p class="desc">
                                一键超快打印，出品花式咖啡仅需45秒，可直接使用奶粉，也可以搭配奶箱使用液体牛奶
                            </p>
                        </li>
                        <li>
                            <img src="images/icon-xuanzhi.png">
                            <p class="title">由繁至简</p>
                            <p class="desc">
                                简萃现磨咖啡，为您提供媲美世界名品咖啡
                            </p>
                        </li>
                    </ul>
                </div>
            </div>
            <script src="js/jquery.min.js"></script>
            <script src="js/swiper.min.js"></script>
            <script src="js/index.js"></script>
    </body>
</html>
```

demo/js/index.js

```
var swiper=new Swiper('.swiper-container', {
    nextButton:'.swiper-button-next',
    prevButton:'.swiper-button-prev',
    loop: true,
    autoplay: 5000
});
```

demo/css/index.css

```
* {
    margin: 0;
    padding: 0;
```

```css
    border: 0;
    list-style: none;
    text-decoration: none;
    color: inherit;
    font-weight: normal;
    font-family:"微软雅黑";
    box-sizing: border-box;
}

body {
    min-width: 1440px;
}

img {
    vertical-align: middle;
    max-width: 100%;
}

.red {
    color: #d80e38;
}

.pink {
    color: #fe8daf;
}

.w1200 {
    width: 1200px;
    height: auto;
    margin: 0 auto;
    position: relative;
}

/*轮播图*/
.slider {
    width: 100%;
    height: 600px;
    overflow: hidden;
}

.slider .w1200 {
    position: absolute;
    top: 0;
    left: 50%;
```

```css
    transform: translateX(-50%);
    height: 100%;
    z-index: 3;
}

.slider ul li {
    width: 100%;
    height: auto;
    position: relative;
}

.slider ul li:after {
    content:"";
    display: block;
    position: absolute;
    width: 100%;
    height: 100%;
    top: 0;
    left: 0;
    z-index: 2;
}

.slider ul li .slider-txt {
    position: absolute;
    top: 20%;
    left: 100px;
    z-index: 5;
    color: #FFFFFF;
    width: 700px;
}

.slider ul li .slider-txt .title {
    font-size: 62px;
    letter-spacing: 2px;
    padding-bottom: 20px;
}

.slider ul li .slider-txt .sub-title {
    font-size: 22px;
    color: #FFFFFF;
    padding-bottom: 70px;
}

.slider ul li .slider-txt a.btn {
```

```css
    display: inline-block;
    padding: 10px 30px;
    background: #f36c94;
    font-size: 20px;
    border-radius: 60px;
    transition: all .3s;
    cursor: pointer;
}

.slider ul li .slider-txt a.btn:hover {
    transition: all .3s;
    padding: 12px 35px;
}

.slider .arrow {
    position: absolute;
    width: 1200px;
    height: 58px;
    left: 50%;
    top: 50%;
    transform: translate(-50%, -50%);
    z-index: 3;
}

.slider .swiper-button-next {
    background-image: url(../images/arrow-right.png);
    width: 30px;
    height: 58px;
    background-size: 30px 58px;
    right: -30px;
}

.slider .swiper-button-prev {
    background-image: url(../images/arrow-left.png);
    width: 30px;
    height: 58px;
    background-size: 30px 58px;
    left: -30px;
}

/*特色服务*/
.services {
    width: 100%;
    height: 315px;
}
```

```css
.services .w1200 ul {
    display: flex;
    justify-content: space-between;
    width: 100%;
    position: absolute;
    z-index: 5;
    top: -50px;
}

.services .w1200 ul li {
    width: 370px;
    height: 265px;
    background: #FFFFFF;
    border-radius: 15px;
    text-align: center;
    padding: 30px 50px;
    box-shadow: 0px 0px 20px rgba(200, 200, 200, .5);
    transition: all .3s;
}

.services .w1200 ul li:hover {
    transition: all .3s;
    transform: translateY(-10px);
}

.services .w1200 ul li img {
    display: inline-block;
    height: 61px;
}

.services .w1200 ul li p.title {
    font-size: 20px;
    color: #533f45;
    padding: 20px 0 10px 0;
}

.services .w1200 ul li p.desc {
    font-size: 15px;
    color: #9b9b9b;
    line-height: 30px;
}
```

3.4.4 案例拓展

通过本案例的学习，读者能够掌握Swiper轮播图插件的使用，结合本案例的轮播特效，实现小米官网的产品广告轮播图效果，并在轮播图左侧实现垂直的商品分类导航，效果如图3.27所示。

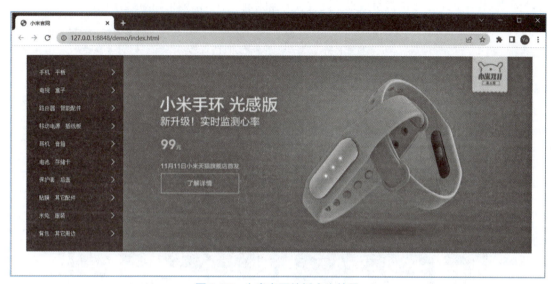

图 3.27　小米官网轮播广告效果

当光标悬停在轮播图区域时，显示左右切换按钮，当光标悬停在切换按钮上时，实现按钮的hover效果。用户交互特效如图3.28所示（案例代码参考本书配套源码中的单元3/练习/demo3）。

图 3.28　轮播图 hover 效果

3.5 【案例4】趣味电子书

视 频

趣味电子书

3.5.1 案例介绍

本案例实现网页版电子书特效，并结合jQuery动画方法和CSS3 animation动画属性实现电子书的翻页效果。网页版的趣味电子书页面效果如图3.29所示。

图 3.29 趣味电子书页面效果

当用户单击电子书两侧的箭头按钮时，实现电子书的翻页效果，如图3.30所示。

图 3.30 趣味电子书翻页效果

3.5.2 案例准备

1. CSS3 transform 3D 空间转换

CSS3提供了transform属性，用于实现网页中的3D效果。当为元素添加transform 之后，它能够在其原来所在的位置变成一个可向任意空间变换的元素，通过在Z轴上的设置，使其能够在空间上呈现3D效果。

transform属性的语法如下所示：

```
transform: none|transform-functions;
```

在使用transform属性实现3D效果时，需要将该属性设置在父级元素上，transform属性的值见表3.4。

表 3.4　transform 属性的值

属　性　值	描　　　述
translate3d(x,y,z)	定义 3D 转换
translateX(x)	定义转换，只使用X轴的值
translateY(y)	定义转换，只使用Y轴的值
translateZ(z)	定义 3D 转换，只使用Z轴的值
scale3d(x,y,z)	定义 3D 缩放转换
scaleX(x)	通过设置X轴的值定义缩放转换
scaleY(y)	通过设置Y轴的值定义缩放转换
scaleZ(z)	通过设置Z轴的值定义 3D 缩放转换
rotate3d(x,y,z,angle)	定义 3D 旋转
rotateX(angle)	定义沿着X轴的 3D 旋转
rotateY(angle)	定义沿着Y轴的 3D 旋转
rotateZ(angle)	定义沿着Z轴的 3D 旋转
transform-style	在空间内如何实现 flat 2D 呈现、preserve-3d 3D 呈现

如果需要将某个元素设置沿Z轴旋转，可以通过rotate3d()进行设置，示例代码如下所示：

```
.demo-3d{
    transform: rotate3d(0,0,1,45deg);
}
```

旋转后的效果如图3.31所示。

如果是初学 transform，可以使用一个区分旋转角度方向的方法，即左手法则，即伸出左手，大拇指指向正轴方向，四个手指的指向即是旋转正向。

图 3.31　沿 Z 轴旋转效果

2. jQuery CSS 控制

jQuery提供了用于控制CSS的方法，这些方法包括：

（1）addClass()：向被选元素添加一个或多个类。

（2）removeClass()：从被选元素删除一个或多个类。

（3）toggleClass()：对被选元素进行添加、删除类的切换操作。

（4）css()：设置或返回样式属性。

下面以addClass()方法为例，实现如何向不同的元素添加class属性。首先创建CSS样式，示例代码如下所示：

```
.important
{
    font-weight:bold;
    font-size:xx-large;
}

.blue
{
    color:blue;
}
```

然后使用jQuery选择器，选取多个元素，分别为这些元素添加class属性，示例代码如下所示：

```
$("button").click(function(){
  $("p").addClass("blue");
  $("div").addClass("important");
});
```

也可以在addClass()方法中同时添加多个class属性，示例代码如下所示：

```
$("button").click(function(){
  $("body div:first").addClass("important blue");
});
```

除了css()方法之外，其他方法的用法和addClass()相同。css()方法用于设置或返回被选元素的一个或多个样式属性。例如，使用css()方法为某个元素添加指定的CSS属性和值，示例代码如下所示：

```
$("p").css("background-color","yellow");
```

或

```
$("p").css({"background-color":"yellow","font-size":"200%"});
```

 案例实现

在计算机的任意盘符创建demo文件夹，并在demo文件夹中分别创建css、js和img文件夹，分别用于存放CSS样式代码、JavaScript脚本代码和案例中需要使用的图片文件，然后在demo文件夹下创建index.html网页文件，用于编写网页元素代码。案例的完整文件结构如图3.32所示。

图 3.32 案例的完整文件结构

趣味电子书示例代码如例3.12所示。

 趣味电子书

demo/index.html

```
<!DOCTYPE html>
<html>
<head>
    <meta charset="UTF-8" />
    <title>趣味电子书</title>
    <link rel="stylesheet" type="text/css" href="css/index.css">
    <script src="js/jquery.min.js" charset="utf-8"></script>
    <script type="text/javascript" src="js/index.js"></script>
</head>
<body>
    <section id="knowledge" class="viewBlock">
        <div class="bookBox">
            <a class="lastBtn"><<</a>
```

```html
                <a class="nextBtn">>></a>
                <div class="bookPage first">
                    <img src="img/02.jpeg" />
                </div>
                <div class="bookPage runPage">
                    <div class="bookWord">
                        <span>大理三塔</span>
                        <span class="pageNumber">1</span>
                    </div>
                    <img src="img/02.jpeg" />
                </div>
                <div class="bookPage runPage">
                    <div class="bookWord">
                        <span>黄鹤楼</span>
                        <span class="pageNumber">2</span>
                    </div>
                    <img src="img/03.jpeg" />
                </div>
                <div class="bookPage runPage">
                    <div class="bookWord">
                        <span>开封铁塔</span>
                        <span class="pageNumber">3</span>
                    </div>
                    <img src="img/01.jpeg"/>
                </div>
                <div class="bookPage last">
                    <img src="img/01.jpeg"/>
                </div>
            </div>
        </section>
</body>
</html>
```

demo/js/index.js

```
$(function(){
    var pageNum=0;

    for(var i=0; i<$('.runPage').length; i++) {
        $('.runPage').eq(i).css('z-index',7-2*i);
        $('.runPage').eq(i).children('div').css('z-index',7-2*i);
        $('.runPage').eq(i).children('img').css('z-index',6-2*i);
    };

    $('.nextBtn').bind('click',function(){
```

```
        if( pageNum<=2 ) {
            runNext(pageNum);
        pageNum++;
        };
        console.log(pageNum);
});

function runNext(index){
    $('.runPage').eq(index).addClass('runClass');
    zIndexNext(index,$('.runPage').eq(index));
}

function zIndexNext(index,element){
    if( index>=1 ) {
        element.css('z-index',3+2*index);
    };
    setTimeout(function(){
        if(index==0) {
            element.css('z-index',3+2*index);
        };
        element.children('div').css('z-index',2+2*index);
        element.children('img').css('z-index',3+2*index);
    },1000);
}

$('.lastBtn').bind('click',function(){
    if ( pageNum>=1 ) {
    pageNum--;
    runLast(pageNum);
    };
    console.log(pageNum);
});

function runLast(index){
    $('.runPage').eq(index).removeClass('runClass');
    zIndexLast(index,$('.runPage').eq(index));
}

function zIndexLast(index,element){
    if(index==0) {
        element.css('z-index',7-2*index);
    };
    setTimeout(function(){
        element.css('z-index',7-2*index);
```

```
                element.children('div').css('z-index',7-2*index);
                element.children('img').css('z-index',6-2*index);
        },1000);
    }
});
```

demo/css/index.css

```css
*{
    padding: 0px;
    margin: 0px;
    font-size: 16px;
    color: #333;
    font-family:"Microsoft YaHei";
}
a,a:link,a:visited,a:hover,a:active{
    text-decoration: none;
}
::-moz-selection {
    background: #338FFF;
    color: #fff;
}
::-webkit-selection {
    background: #338FFF;
    color: #fff;
}
::selection {
    background: #338FFF;
    color: #fff;
}
.clear::after{
    content:"";
    display: block;
    height: 0px;
    clear: both;
    visibility: hidden;
}
.response-img{
    display: block;
    max-width: 100%;
}
.text-overflow{
    white-space: nowrap;
    overflow: hidden;
    text-overflow: ellipsis;
}
```

```css
body{
    width: 100%;
    max-width: 1920px;
    min-width: 1200px;
    background-color: #222222;
}
#knowledge{
    width: 100%;
    height:100%;
    position: relative;
    padding: 40px 0;
}
.bookBox{
    width: 1000px;
    height: 600px;
    position: relative;
    margin: 30px auto;
    -webkit-perspective-origin: 50% 60%;
    perspective-origin: 50% 60%;
    -webkit-perspective: 1500px;
    perspective: 1500px;
    background: url(../img/bookBg.png) no-repeat 0 0 ;
    background-size: 100% 100%;
}
.bookBox:hover .lastBtn{
    display: block;
}
.bookBox:hover .nextBtn{
    display: block;
}
/*书的高度*/
.bookPage{
    position: absolute;
    width: 500px;
    height: 580px;
    top: 0;
    -webkit-transform-style: preserve-3d;
    -moz-transform-style: preserve-3d;
    -ms-transform-style: preserve-3d;
    -o-transform-style: preserve-3d;
    transform-style: preserve-3d;
    -webkit-transition: all linear 2s;
    -moz-transition: all linear 2s;
    -ms-transition: all linear 2s;
```

```css
    -o-transition: all linear 2s;
    transition: all linear 2s;
    background: url(../img/bookLeft.png) no-repeat;
    background-size: 479.26px 780px;
    background-position: 20.74px 8.3px;
    overflow: hidden;
}
.bookPage img{
    position: absolute;
    top: 50px;
    left: 50px;
    display: inline-block;
    width: 80%;
    height: 90%;
}
.bookWord{
    position: absolute;
    top: 50px;
    left: 50px;
    display: inline-block;
    width: 360px;
    padding: 20px;
    font-size: 20px;
    line-height: 27px;
    backface-visibility: visible;
    background-color: #f0f0f0;word-break:break-all;
    -webkit-column-count: 2;
    -webkit-column-gap: 40px;
    -moz-column-count: 2;
    -moz-column-gap: 40px;
    -ms-column-count: 2;
    -ms-column-gap: 40px;
    column-count: 2;
    column-gap: 40px;
}
.bookWord span{
    font-size: 30px;
    font-weight: 600;
    line-height: 40px;
}
.first{
    left: 0;
    z-index: 1;
}
```

```css
.first img{
    z-index: 1;
}
.last{
    right: 0;
    z-index: 1;
}
.last p{
    z-index: 1;
}
.runPage{
    right: 0;
    -webkit-transform-origin: 0 0;
    -moz-transform-origin: 0 0;
    -ms-transform-origin: 0 0;
    -o-transform-origin: 0 0;
    transform-origin: 0 0;
}

/*书的高度*/
.runPage,
.bookPage:last-child
{
    background: url(../img/bookRight.png) no-repeat;
    background-size: 479.26px 780px;
    background-position: 0 8.3px;
}
.runClass{
    -webkit-transform: rotateY(-180deg);
    -moz-transform: rotateY(-180deg);
    -ms-transform: rotateY(-180deg);
    -o-transform: rotateY(-180deg);
    transform: rotateY(-180deg);
}
.lastBtn,
.nextBtn
{
    display: none;
    position: absolute;
    top: 300px;
    cursor: pointer;
    z-index: 999;
    font-size: 50px;
    line-height: 100px;
```

```css
        color: #fff;
        text-decoration: none;
        background-color: rgba(0,0,0,.5);
}
.lastBtn{
        left: 0;
}
.nextBtn{
        right: 0;
}
.canvasBox{
        display: block;
        width: 158px;
        height: 158px;
}
/*页序号*/
.pageNumber{
        position: absolute;
        right: 0;
        top: 0px;
        font-size: 20px!important;
        line-height: 30px;
}
```

3.5.4 案例拓展

结合本章所学习的知识，实现一个3D轮播图特效，页面效果如图3.33所示。

图 3.33　3D 轮播图效果

单击页面左下角的箭头按钮，图片呈现3D切换效果，如果3.34所示（案例代码参考本书配套源码中的单元3/练习/demo4）。

图 3.34　图片切换效果

小　　结

本单元的主要内容围绕增强用户体验进行讲解，以生动的案例实现了页面的动画、3D、懒加载等特效。在Web前端开发中，无论是哪种互动效果，都可以使用jQuery动画和CSS3动画实现。熟练掌握jQuery动画方法和CSS3的animation动画属性，是作为一名优秀的前端工程师的必备技能。

除了上述动画实现技术外，还需要拓展自己的知识储备，积极学习第三方插件，可以很大程度上提高开发效率，如Swiper轮播图插件、FunLazy懒加载插件等。

习　　题

1. 简述 CSS3 的过渡与动画的区别。
2. 简述 jQuery 中提供了哪些用于实现动画特效的方法。
3. 除了 Swiper 和 FunLazy 你还知道哪些网页特效的插件，请至少列举 2 个。

单元 4　网页事件处理

学习目标

- 掌握 JavaScript 事件处理机制；
- 掌握 jQuery 事件绑定与移除方法；
- 掌握 jQuery 的 DOM 事件方法。

事件是 Web 浏览器通知应用程序发生了某个事情，用户可以为这些特定的事情，预先安排好处理方案，这样就能够实现互动。jQuery 提供了很多的事件处理函数，例如通过鼠标触发一个事件，或者是通过键盘触发事件，当然还有典型的页面加载事件等。这些事件都可以通过 jQuery 代码实现，而且相比 JavaScript 代码会更简洁，开发效率更高。本章将详细介绍 jQuery 事件方法的用法。

视频
事件处理方法

4.1　事件处理方法

4.1.1　鼠标事件处理

jQuery 鼠标单击事件是最常用的事件之一，当用户使用鼠标在浏览器窗口或元素上进行单击交互时触发的事件，都属于鼠标单击事件的范围。常见的鼠标操作有：单击、双击、右击等。

jQuery 提供的鼠标事件包括：

（1）click()方法，当用户单击时触发。

（2）dblclick()方法，当用户双击时触发。

（3）mouseenter()方法，当鼠标指针穿过（进入）被选元素时触发。

（4）mouseleave()方法，当鼠标指针离开被选元素时触发。

（5）mouseover()方法，当鼠标指针位于元素上方时触发。

（6）mouseout()方法，当鼠标指针离开被选元素时触发。

（7）mousedown()方法，当鼠标按键按下时触发。

（8）mouseup()方法，当鼠标按键按下并松开后触发。

（9）hover()方法，当鼠标指针悬停在被选元素上时触发。

在 jQuery 中没有提供鼠标右击事件函数，可以通过其他函数实现右击事件的监听。例如，使用contextmenu事件中自定义右键弹出菜单，使用event对象的preventDefault()函数阻止默认行为的发生，即可间接实现鼠标右键控制。示例代码如下所示：

```javascript
$(document).contextmenu(function(e) {
    e.preventDefault();                          //阻止默认行为
    console.log('this:'+this);
    console.log('e:'+e);
    console.log('e.target:'+e.target);
});
```

在使用jQuery的鼠标事件时，需要考虑事件冒泡机制对元素的影响。当在某个元素上触发一个事件时，比如鼠标移动事件，该元素所绑定的事件也会影响到其子元素，或者是在某一元素上触发事件时，该元素绑定的事件也会影响到其父元素，甚至可能直接影响到顶级父元素，这种现象称为"事件冒泡"。之所以称为事件冒泡是指事件的响应会像水泡一样上升至顶级对象。

mouseenter事件只在鼠标移动到被选取的元素时触发（不存在事件冒泡），mouseover事件在鼠标移动到被选取的元素及其子元素时触发（存在事件冒泡）；mouseout事件在鼠标离开任意一个子元素及被选取的元素时触发（存在事件冒泡），mouseleave事件只在鼠标离开被选取的元素时触发（不存在事件冒泡）。

jQuery鼠标事件使用的示例代码如例4.1所示。

例4.1 jQuery鼠标事件

```html
<!DOCTYPE html>
<html>
<head>
    <meta charset="UTF-8">
    <style type="text/css">
        html,body {
            margin: 0;
            padding: 0;
            height: 100%;
        }

        .light-container {
            width: 60%;
            margin: 20px auto;
            height: 350px;
            display: flex;
            flex-direction: column;
            align-items: center;
            justify-content: center;
        }

        .tip-text {
```

```
                font-size: 18px;
                margin-bottom: 20px;
            }

            .light-img {
                height: 250px;
                cursor: pointer;
            }
        </style>
    </head>
    <body>
        <div class="light-container">
            <div class="tip-text">点击开灯</div>
            <img class="light-img" src="img/shut.jpg">
        </div>
        <script src="js/jquery.min.js"></script>
        <script type="text/javascript">
            $(function() {
                // 电灯的开关状态
                var isLight=false

                // 切换电灯状态的方法
                var setLightStatus=function() {
                    if (isLight) {
                        $('.light-img').attr('src','img/open.jpg')
                        $('.tip-text').text('点击关灯')
                    } else {
                        $('.light-img').attr('src','img/shut.jpg')
                        $('.tip-text').text('点击开灯')
                    }
                }
                setLightStatus()

                // 电灯图片点击事件
                $('.light-img').on('click', function() {
                    isLight=!isLight
                    setLightStatus()
                })
            })
        </script>
    </body>
</html>
```

例4.1代码在浏览器中运行的效果如图4.1所示。

在页面中默认显示的灯泡为"关灯"效果，在灯泡图片上方的文本内容显示为"点击开灯"。当点击灯泡图片时，灯泡切换为点亮状态，图片上方的文本内容会变为"点击关灯"，效果如图4.2所示。

图 4.1　示例的默认效果

图 4.2　灯泡被点亮的效果

4.1.2　键盘事件处理

在浏览器中，当用户操作键盘时会触发键盘事件，触发的键盘事件主要有3种：

（1）keydown()方法：当键盘或按钮被按下时触发。

（2）keyup()方法：当按钮被松开时触发。

（3）keypress()方法：当键盘或按钮被按下并且释放时触发。

在使用键盘事件时，有时需要知道键盘中某个按键被按下，获取某个被按下的按键可以使用event.which属性。当相应的事件触发的，会执行其回调函数，可以把event作为回调函数的参数。示例代码如下所示：

```
<!DOCTYPE html>
<html>
<head>
    <script src="jquery.min.js"></script>
    <script>
        $(document).ready(function(){
          $("input").keyup(function(event){
            $("div").html("Key:"+event.which);
          });
        });
    </script>
</head>

<body>
    请输入：<input type="text">
    <div />
</body>
</html>
```

在实际的项目开发中，开发者需要知道用户输入的是某个按键，再根据用户的输入，去做相应的业务处理。获取用户输入的键盘码是判断的条件之一。获取输入框的值后，通过event.which属性可以知道用户输入的按键，event.which属性返回的是键盘码，也可以使用event.keyCode属性获取键盘码。如果想要直接获取用户输入的内容，可以使用event.key属性，返回的是用户输入的字符串。

键盘事件包含keypress、keydown、keyup事件，其中keypress事件是在键盘中某个键被按下并且释放时触发此事件的处理程序，一般用于键盘上的单键操作。keydown事件是在键盘中某个键被按下时触发此事件的处理程序，一般用于快捷键的操作。keyup事件是在键盘中某个键被按下后松开时触发此事件的处理程序，一般用于快捷键的操作。

jQuery键盘事件使用的示例代码如例4.2所示。

例 4.2　jQuery键盘事件

```
<!DOCTYPE html>
<html>
<head>
    <meta charset="UTF-8">
    <style type="text/css">
        html,body {
            margin: 0;
            padding: 0;
            height: 100%;
            background-color: #E6E6E6;
        }

        .keyboard {
            position: relative;
            height: 100%;
            width: 100%;
            display: flex;
            flex-direction: column;
            justify-content: center;
            align-items: center;
        }

        .keys {
            margin: 10px 0px;
            height: 100px;
            width: 100%;
            display: flex;
            align-items: center;
            justify-content: center;
        }
```

```css
        .keys-item {
            border: 1px solid #CBCBCB;
            height: 80px;
            width: 80px;
            display: inline-flex;
            align-items: center;
            justify-content: center;
            font-size: 22px;
            margin: 0px 10px;
            border-radius: 8px;
            background-color: #FFFFFF;
            box-shadow: 2px 3px 7px rgba(0, 0, 0, 0.3);
            cursor: pointer;
        }

        .active {
            background-color: #4B94CE;
            border-color: #4B94CE;
            color: #FFFFFF;
        }
    </style>
</head>
<body>
    <div class="keyboard">
        <div class="keys rows-one">
            <span class="keys-item keycode-Q">Q</span>
            <span class="keys-item keycode-W">W</span>
            <span class="keys-item keycode-E">E</span>
            <span class="keys-item keycode-R">R</span>
            <span class="keys-item keycode-T">T</span>
            <span class="keys-item keycode-Y">Y</span>
            <span class="keys-item keycode-U">U</span>
            <span class="keys-item keycode-I">I</span>
            <span class="keys-item keycode-O">O</span>
            <span class="keys-item keycode-P">P</span>
        </div>
        <div class="keys rows-two">
            <span class="keys-item keycode-A">A</span>
            <span class="keys-item keycode-S">S</span>
            <span class="keys-item keycode-D">D</span>
            <span class="keys-item keycode-F">F</span>
            <span class="keys-item keycode-G">G</span>
            <span class="keys-item keycode-H">H</span>
            <span class="keys-item keycode-J">J</span>
```

```html
            <span class="keys-item keycode-K">K</span>
            <span class="keys-item keycode-L">L</span>
        </div>
        <div class="keys rows-three">
            <span class="keys-item keycode-Z">Z</span>
            <span class="keys-item keycode-X">X</span>
            <span class="keys-item keycode-C">C</span>
            <span class="keys-item keycode-V">V</span>
            <span class="keys-item keycode-B">B</span>
            <span class="keys-item keycode-N">N</span>
            <span class="keys-item keycode-M">M</span>
        </div>
    </div>
    <script src="js/jquery.min.js"></script>
    <script type="text/javascript">
        $(function() {
            $(document).on('keydown', function(e) {
                e.preventDefault()
                var elKey=e.key.toUpperCase()
                $('.keycode-'+elKey).addClass('active')
            })
            $(document).on('keyup', function(e) {
                e.preventDefault()
                var elKey=e.key.toUpperCase()
                $('.keycode-'+elKey).removeClass('active')
            })
        })
    </script>
</body>
</html>
```

例4.2代码在浏览器中运行后的效果如图4.3所示。

图4.3 页面键盘效果

当用户打开页面后，在键盘上按下对应的字母按键，页面中会监听到用户的操作，并高亮显示该按键，以此表示用户的输入。用户按下键盘中的字母按键效果如图4.4所示。

图 4.4　用户按下键盘字母按键效果

当用户松开键盘上的字母按键后，页面中取消该按键的高亮效果。

4.1.3　窗口事件处理

当用户对浏览器做出一些操作时，浏览器会发生相应的变化，比如完成了页面的加载、改变浏览器窗口大小、在浏览器中使用鼠标滑轮改变滚动条位置等，当浏览器窗口发生一些变化时，就会触发窗口事件。jQuery提供了用于监听窗口与文档变化的事件，这些事件包括：

（1）load()方法：当指定的元素已加载时触发。
（2）resize()方法：当调整浏览器窗口大小时触发。
（3）scroll()方法：当用户滚动指定的元素时触发。
（4）unload()方法：当用户离开页面时触发。

jQuery用于监听窗口变化的事件基本使用方法都相同，以scroll()方法为例。当用户滚动指定的元素时，会触发scroll()方法。scroll()方法适用于所有可滚动的元素和window对象（浏览器窗口）。scroll()方法的语法如下所示：

```
$(selector).scroll(function)
```

scroll()方法的参数是回调函数，当scroll()方法触发时会执行该回调函数。使用scroll()方法监听窗口滚动的示例代码如例4.3所示。

例 4.3　scroll()方法监听窗口滚动

```
<!DOCTYPE html>
<html>
<head>
    <meta charset="UTF-8">
    <style type="text/css">
        html,body {
```

```css
    margin: 0;
    padding: 0;
    height: 100%;
}

.container {
    height: 3000px;
}

.nav-bar {
    width: 100%;
    height: 80px;
    border-bottom: 3px solid firebrick;
    background-color: #FFFFFF;
    display: flex;
    align-items: center;
    box-sizing: border-box;
    padding: 0px 100px;
    position: fixed;
    top: 0;
    left: 0;
    display: none;
}

.title {
    font-weight: 600;
    font-size: 24px;
    color: firebrick;
}

.nav-list {
    list-style: none;
    margin: 0;
    padding: 0;
    display: flex;
    margin-left: 100px;
    height: 60px;
}

.nav-list li {
    margin: 0px 10px;
}

.top-offset {
```

```
                position: fixed;
                top: 100px;
                right: 10px;
                font-size: 24px;
            }
        </style>
    </head>
    <body>
        <div class="container">
            <div class="top-offset"></div>
            <div class="nav-bar">
                <div class="title">
                    精选商城
                </div>
                <ul class="nav-list">
                    <li>猜你喜欢</li>
                    <li>智能先锋</li>
                    <li>居家优品</li>
                    <li>超市百货</li>
                    <li>时尚达人</li>
                    <li>进口好物</li>
                </ul>
            </div>
        </div>
        <script src="js/jquery.min.js"></script>
        <script type="text/javascript">
            $(function() {
                // 显示滚动条高度的方法
                var visableTop=function() {
                    var top=$(document).scrollTop()
                    var topStr='高度: '+Math.ceil(top)+'px'
                    $('.top-offset').text(topStr)
                    return top
                }
                visableTop()

                // 窗口滚动监听事件
                $(document).scroll(function(e) {
                    var topValue=visableTop()
                    if (topValue>=500) {
                        $('.nav-bar').slideDown()
                    } else {
                        $('.nav-bar').slideUp()
                    }
```

```
                })
            })
        </script>
</body>
</html>
```

例4.3代码在浏览器中的运行效果如图4.5所示。

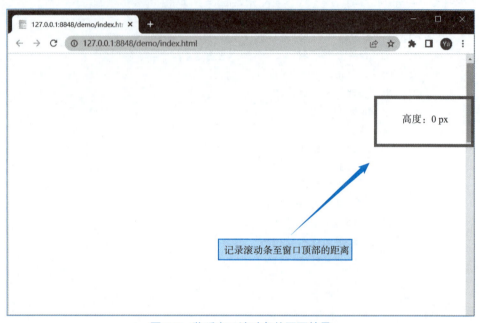

图4.5　监听窗口滚动条的页面效果

用户在页面中使用鼠标滚轮将页面向下滑动时，页面中的文字会实时显示当前滚动条至窗口顶部的距离。当监听到滚动条与窗口顶部的距离大于或等于500 px时，会显示顶部导航内容，效果如图4.6所示。

图4.6　显示顶部导航效果

4.2 【案例 1】Tab 选项卡切换

视　频

Tab选项卡切换

4.2.1 案例介绍

本案例是一个Tab选项卡的案例，Tab选项卡是页面中常用的网页特效之一，主要应用在页面中的菜单或导航的实现。在该案例中，选项卡的上方为控制区域，下方为响应区域，单击不同的选项卡头部标签，下方显示对应的内容。页面效果如图4.7所示。

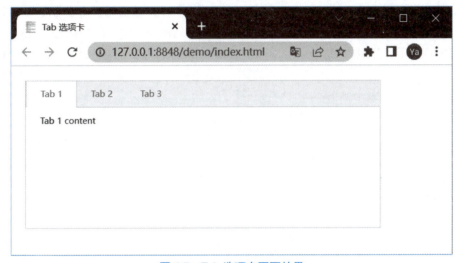

图 4.7　Tab 选项卡页面效果

在选项卡中，单击一个选项卡的标题，该标题会显示为高亮效果，下方显示对应的内容，再次单击其他选项卡标题时，切换被单击的元素为高亮效果。

4.2.2 案例准备

显示和隐藏效果是进行网页设计时常用的特效之一，一般会用于导航栏的二级导航，或者是其他需要鼠标悬停效果的一些元素。如果使用原生JS实现显示/隐藏特效，需要对DOM进行操作，设置CSS的样式。jQuery提供了show()、hide()、toggle()方法，分别实现了元素的显示、隐藏、切换效果，提高了开发效率。

1. show() 方法

show()方法用于显示被匹配的正处于隐藏状态的元素，无论该元素是通过hide()方法实现隐藏还是在CSS中设置"display:none;"，show()方法都将有效。通常show()方法配合hide()方法一起使用。

show()方法的语法如下所示：

```
$(selector).show(speed,callback);
```

show()方法有两个参数，参数1用于规定元素显示的速度，单位是毫秒，也可以用slow、fast关键词代替；参数2是回调函数，当显示效果完成后执行。

2. hide() 方法

hide()方法用于隐藏被匹配的正处于显示状态的元素，如果选择的元素是隐藏的，这个方法将不会改变任何元素。通常hide()方法配合show()方法一起使用。

hide()方法的语法如下所示：

```
$(selector).hide(speed,callback);
```

hide()方法的参数与show()方法类似，参数1用于规定元素隐藏的速度，参数2为元素隐藏效果完成后执行的回调函数。

3. toggle() 方法

toggle()方法用于绑定两个或多个事件处理器函数，以响应被选元素轮流的click事件。如果元素为可见，则可切换为隐藏；如果元素为隐藏，则可切换为可见。在没有使用toggle()方法之前，要想实现显示和隐藏的切换效果，需要把show()和hide()两个方法一起使用，示例代码如下所示：

```html
<!DOCTYPE html>
<html>
<head>
    <meta charset="utf-8">
    <script src="jquery.min.js"></script>
    <script>
        $(document).ready(function() {
            $("#hide").click(function() {
                $("p").hide("slow");
            });
            $("#show").click(function() {
                $("p").show("slow");
            });
        });
    </script>
</head>
<body>
    <p>如果你单击"隐藏"按钮，我将会消失。</p>
    <button id="hide">隐藏</button>
    <button id="show">显示</button>
</body>
</html>
```

上面示例代码中，使用了两个按钮，每个按钮绑定了一个单击事件，一个用于执行show()方法，一个用于执行hide()方法，但是在某些应用场景中，只需要使用一个按钮就可以实现显示与隐藏的切换效果。这种情况下若仍然使用show()和hide()方法，就需要再声明一个变量用于判断显示或隐藏状态，会增加代码量，不推荐使用。而使用toggle()方法就可以解决这个问题。

toggle()方法的语法如下所示：

```
$(selector).toggle(speed,callback);
```

toggle()方法的参数与hide()、show()方法类似，参数1用于规定元素隐藏的速度，参数2为元素隐藏效果完成后执行的回调函数。

使用toggle()方法实现元素切换显示与隐藏状态的示例代码如下所示：

```
<!DOCTYPE html>
<html>
<head>
    <meta charset="utf-8">
    <script src="jquery.min.js"></script>
    <script>
        $(document).ready(function() {
            $("button").click(function() {
                $("p").toggle("slow");
            });
        });
    </script>
</head>

<body>
    <button>隐藏/显示</button>
    <p>这是一个文本段落。</p>
    <p>这是另外一个文本段落。</p>
</body>
</html>
```

4.2.3 案例实现

在计算机的任意盘符创建demo文件夹，并在demo文件夹中创建css和js文件夹，分别用于存放CSS样式代码和JavaScript脚本代码文件，然后在demo文件夹下创建index.html网页文件，用于编写网页元素代码。案例的完整文件结构如图4.8所示。

Tab选项卡切换案例的示例代码如例4.4所示。

图4.8 案例的完整文件结构

 Tab选项卡切换

demo/index.html

```
<!DOCTYPE html>
<html>
<head>
    <meta charset="UTF-8">
    <title>Tab 选项卡</title>
    <link rel="stylesheet" type="text/css" href="css/index.css"/>
    <script src="js/jquery.min.js" type="text/javascript"></script>
    <script src="js/index.js" type="text/javascript"></script>
</head>
```

```html
<body>
    <div class="container">
        <div class="tab-body">
            <div class="tab-item">
                <div class="tab-item-title">Tab 1</div>
                <div class="tab-item-content">
                    Tab 1 content
                </div>
            </div>
            <div class="tab-item">
                <div class="tab-item-title">Tab 2</div>
                <div class="tab-item-content">
                    Tab 2 content
                </div>
            </div>
            <div class="tab-item">
                <div class="tab-item-title">Tab 3</div>
                <div class="tab-item-content">
                    Tab 3 content
                </div>
            </div>
        </div>
    </div>
</body>
</html>
```

demo/js/index.js

```
$(function() {
    $('.tab-item-content').eq(0).show()
    $('.tab-item-title').eq(0).addClass('title-active')

    var forEachElement=function() {
        var tabs=document.getElementsByClassName('tab-item')
        for(var i=0; i<tabs.length; i++) {
            $(tabs[i]).children('.tab-item-content').hide()
            $(tabs[i]).children('.tab-item-title').removeClass('title-active')
        }
    }

    $('.tab-item-title').on('click', function() {
        forEachElement()
        $(this).siblings().show()
        $(this).addClass('title-active')
    })
})
```

demo/css/index.css

```css
html,
body {
    margin: 0;
    padding: 0;
    height: 100%;
}

.container {
    width: 100%;
    height: 100%;
    box-sizing: border-box;
    padding: 20px;
}

.tab-body {
    display: flex;
    height: 200px;
    width: 500px;
    position: relative;
    border: 1px solid #DCDFE6;
}

.tab-body::before {
    content:"";
    position: absolute;
    width: 100%;
    height: 35px;
    background-color: #F5F7FA;
    z-index: -1;
    border-bottom: 1px solid #DCDFE6;
}

.tab-item {}

.tab-item-title {
    height: 35px;
    width: 70px;
    font-size: 12px;
    line-height: 35px;
    text-align: center;
    cursor: pointer;
    color: #909399;
}
```

```css
.tab-item-content {
    position: absolute;
    width: 100%;
    height: calc(100%-30px);
    bottom: 0;
    left: 0;
    display: none;
    box-sizing: border-box;
    padding: 15px 20px;
    font-size: 12px;
}

.title-active {
    color: #51A7FF;
    background-color: #FFFFFF;
    border-left: 1px solid #DCDFE6;
    border-right: 1px solid #DCDFE6;
    border-bottom: 1px solid #FFFFFF;
}
```

4.2.4 案例拓展

通过本案例的学习，读者能够掌握Tab选项卡的实现方法，在实际的项目开发中，通常会对选项卡添加控制操作，如删除某个选项卡。请结合本案例Tab选项卡效果实现的基础上，设计一个带有删除按钮的选项卡（案例代码参考本书配套源码中的单元4/练习/demo1），页面效果如图4.9所示。

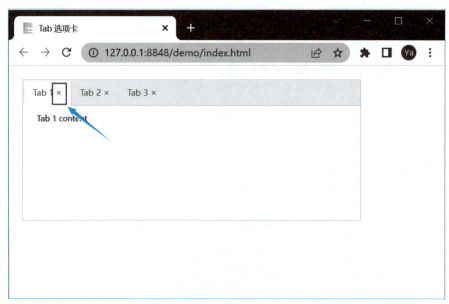

图4.9 带删除按钮的选项卡

单击选项卡标题右侧的"删除"按钮，会弹出确认提示对话框，效果如图4.10所示。

图 4.10　确认删除的提示对话框

单击提示对话框中的"确定"按钮后，在页面中隐藏被删除的选项卡，效果如图4.11所示。

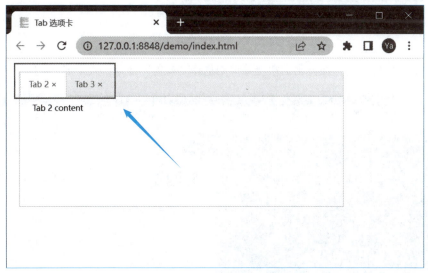

图 4.11　选项卡删除后的页面效果

4.3　【案例 2】响应式滑块图文轮播

视　频

响应式滑块图文轮播

4.3.1　案例介绍

本案例实现的是一个基于响应式布局展示的图文轮播特效，这里有几个关键词，分别是响应式布局、图文和轮播特效，关于图文和轮播特效前面内容已介绍过，那什么是响应式布局呢？

响应式布局是一个网站设计的概念，即一个网站能够兼容多个终端，而不是为每个终端都编写一个特定的页面，这个概念是为了解决移动互联网浏览而诞生的。响应式布局可以为不同终端的用户提供更加舒适的界面和更好的用户体验，而且网页布局可以自动识别浏览器窗口的尺寸变化而做出响应式的改变。

本案例中实现的响应式图文轮播效果如图4.12所示。

图 4.12　响应式图文轮播

在网页的空白处右击，在弹出的快捷菜单中选择"检查"命令，效果如图4.13所示。

图 4.13　浏览器右键快捷菜单

在浏览器右键快捷菜单中选择"检查"命令后（或按【F12】键），会打开浏览器的开发者工具，效果如图4.14所示。

图 4.14 打开浏览器的开发者工具

将鼠标指针放置在开发者工具左侧边框线上时，按下鼠标左键拖动开发者工具区域左侧边框线时，可以控制网页内容区域的显示尺寸，当网页内容区域的宽度大于768 px时，图文布局呈现横向排列，效果如图4.15所示。

图 4.15　图文横向排列效果

当网页内容区域的宽度被拖动至小于768 px时，图文布局呈现纵向排列，效果如图4.16所示。

图 4.16 图文纵向排列效果

在同一个网页中,网页内容的布局随着窗口尺寸的变化而改变,这种页面布局效果就是响应式布局。

4.3.2 案例准备

CSS的媒体类型中提供了 @media 属性,该属性可以在不同屏幕下设置不同的样式,通常称为媒体查询,简单来说,就是响应式。通过设定@media属性的参数实现在不同的浏览器可视尺寸下的展示效果。

@media属性的语法如下所示:

```
@media mediatype and|not|only (media feature) {
    CSS Code...
}
```

@media属性不同于其他CSS属性,其写法有点类似于JavaScript的函数。mediatype用来描述当前浏览器所处设备的类型,如计算机显示器、手机、电视等。mediatype的媒体类型见表4.1。

表 4.1　mediatype 的媒体类型

媒体类型	兼 容 性	说　　明
all	所有浏览器	用于所有媒体设备类型
aural	Opera	用于语音和音乐合成器
braille	Opera	用于触觉反馈设备
handheld	Chrome、Safari、Opera	用于小型或手持设备

(续)

媒体类型	兼容性	说　　明
print	所有浏览器	用于打印机
projection	Opera	用于投影图像，如幻灯片
screen	所有浏览器	用于计算机显示器
tty	Opera	用于使用固定间距字符格的设备。如电传打字机和终端
tv	Opera	用于电视类设备
embossed	Opera	用于凸点字符（盲文）印刷设备

在Web项目中，通常会设置媒体类型为screen，示例代码如下所示：

```
@media  screen and (max-width: 500px) {
}
```

在配置媒体类型时，需要使用关键字，例如上面示例代码中的and就是关键字。关键字就是用来描述响应条件的描述，具体作用如下所示：

（1）and：是一个连接词，表示某种媒体类型下的尺寸。
（2）not：用来排除某种指定的媒体类型。
（3）Only：用来指定某种特定的媒体类型。

关键字后面的括号内，可用来指定分辨率，示例代码如下所示：

```
@media only screen and (max-width: 500px) {
}
```

上面示例代码中的括号内声明的分辨率，就是当前浏览器的可视区域小于500 px时，使用{}内的规则。具体设置媒体查询规则的示例代码如下所示：

```
@media screen and (max-width:500px){
    html,body{
        background:red;
    }
}
```

上面示例代码的意思就是当浏览器的可视区域宽度小于500 px时，设置页面背景颜色为红色。如果有多个尺寸规则，可以使用关键字and连接，示例代码如下所示：

```
@media only screen and (min-width:600px) and ( max-width:800px){
    html,body{
        background:red;
    }
}
```

上面示例代码的意思是当浏览器可视区域宽度大于600 px并且小于800 px时，设置页面背景颜色为红色。

4.3.3 案例实现

在计算机的任意盘符创建demo文件夹，并在demo文件夹中创建css、js和image文件夹，分别用于存放CSS样式代码、JavaScript脚本代码和案例中需要使用的图片文件，然后在demo文件夹下创建index.html网页文件，用于编写网页元素代码。案例的完整文件结构如图4.17所示。

响应式图文轮播特效的示例代码如例4.5所示。

图4.17 案例的完整文件结构

例4.5 响应式滑块图文轮播

demo/index.html

```
<!DOCTYPE html>
<html>
<head>
    <meta charset="utf-8">
    <title>响应式图文轮播</title>
    <link rel="stylesheet" href="css/swiper.min.css">
    <link rel="stylesheet" href="css/index.css">
    <link rel="stylesheet" href="css/base.css" />
    <script src="js/jquery.min.js"></script>
    <script src="js/swiper.min.js"></script>
</head>
<body>
    <section class="sec1">
        <div class="main">
            <div class="w-newsList w-newsList1 clearfix"id="newsList1">
                <div class="swiper-wrapper">
                    <div class="swiper-slide">
                        <div class="news-item">
                            <a href="#" class="clearfix">
                                <div class="news-imgbox img-count">
                                    <div class="aspectRatio"></div>
                                    <div class="img-count-in">
                                        <img src="images/banner-01.jpeg">
                                    </div>
                                </div>
                                <div class="news-text">
                                    <div class="date">
                                        <div class="year">
                                            专题 1
                                        </div>
                                        <div class="day_month">
                                            2022-04-05
```

```html
                </div>
            </div>
            <div class="news-h">
                督导是职责还是职级？督导工作如何定位
            </div>
            <div class="news-sum">
                在社会工作职业化伊始，深圳就实施"引进
                香港督导来培育本地督导"的策略，培养出
                督导助理和见习督导。
            </div>
            <div class="more"></div>
        </div>
    </a>
</div>
</div>
<div class="swiper-slide">
    <div class="news-item">
        <a href="#" class="clearfix">
            <div class="news-imgbox img-count">
                <div class="aspectRatio"></div>
                <div class="img-count-in">
                    <img src="images/banner-02.jpeg">
                </div>
            </div>
            <div class="news-text">
                <div class="date">
                    <div class="year">
                        专题 2
                    </div>
                    <div class="day_month">
                        2022-04-05
                    </div>
                </div>
                <div class="news-h">
                    社会工作发展的专业理性和稳妥理性
                </div>
                <div class="news-sum">
                    进入全面建设社会主义现代化国家的新阶段，
                    我国的社会工作获得了新的发展机遇，也有
                    一些需要进一步解决的其他问题。
                </div>
                <div class="more"></div>
            </div>
        </a>
```

```html
                </div>
            </div>
            <div class="swiper-slide">
                <div class="news-item">
                    <a href="#" class="clearfix">
                        <div class="news-imgbox img-count">
                            <div class="aspectRatio"></div>
                            <div class="img-count-in">
                                <img src="images/banner-03.jpeg">
                            </div>
                        </div>
                        <div class="news-text">
                            <div class="date">
                                <div class="year">
                                    专题 3
                                </div>
                                <div class="day_month">
                                    2022-04-05
                                </div>
                            </div>
                            <div class="news-h">
                                社会工作参与乡村振兴的路径思考
                            </div>
                            <div class="news-sum">
                                党的十九大提出实施乡村振兴战略，最重要的政策内涵是统筹城乡融合发展，实现农业农村现代化。乡村振兴战略从指导思想上打破了"城乡二元"发展思维。
                            </div>
                            <div class="more"></div>
                        </div>
                    </a></div>
                </div>
            </div>
            <div class="adSN_page"></div>
            <div class="swiper-num">
                <span class="active"></span>/
                <span class="total"></span>
            </div>
        </div>
        <script src="js/index.js"></script>
    </div>
</section>
```

```
</body>
</html>
```

demo/js/index.js

```
$(function() {
    /*图片位置计算*/
    var imgCount=function() {
        $('.img-count').each(function(index, element) {
            var imgH=$(this).height();
            var imgW=$(this).width();
            var $thisimg=$(this).find('img');
            var img=new Image();
            img.onload=function() {
                if($thisimg.data("img")===false) {
                    return'';
                }
                var imgWidth=img.width;
                var imgHeight=img.height;
                if((imgWidth/imgHeight)<(imgW/imgH)) {
                    $thisimg.css({
                        'height':(imgW/imgH)*((imgHeight*1.00)/imgWidth)*imgH,
                        'max-height': (imgW/imgH)*((imgHeight*1.00) /
                            imgWidth)*imgH,
                        'top': -((imgW/imgH)*((imgHeight*1.00)/imgWidth) -1)/2*imgH
                    })
                } else {
                    $thisimg.css({
                        'width': (imgH/imgW)*((imgWidth*1.00)/imgHeight)*imgW,
                        'max-width': (imgH/imgW)*((imgWidth*1.00) /
                            imgHeight)*imgW,
                        'left': -((imgH/imgW)*((imgWidth*1.00)/imgHeight)-1)
                            /2*imgW
                    })
                }
            }
            img.src=$thisimg.attr("src");
        });
    }

    //滚动设置
    var swiper=new Swiper('#newsList1', {
        effect:'fade',
        fadeEffect: {
            crossFade: true,
        },
```

```
            direction:'horizontal',
            loop: true,
            autoplay: {
                delay: 5000,                        //滚动速度
                disableOnInteraction: false,
            },
            pagination: {
                el:'.adSN_page',
                clickable: true,
            },
            on: {
                init: function() {
                    var total=this.slides.length-2;
                    $('.swiper-num .total').text('0'+total);
                    this.emit('transitionEnd');
                },
                transitionEnd: function() {
                    var index=this.realIndex+1;
                    $(".swiper-num .active").text("0"+index);
                }
            }
        });

        imgCount();
        $(window).resize(function() {
            imgCount();
        });
    });
```

demo/css/index.css 文件部分核心代码（详细代码可以查看本书配套源码中的单元4/例-4.5/demo/css/index.css）。

```
@media (max-width:960px) {
    .w-newsList2 .news-h {
        font-size: 24px;
    }



    .w-newsList2 .news-sum {
        display: none;
    }
}


@media (max-width:767px) {
    .w-newsList1 .news-imgbox {
```

```css
    width: 100%;
}

.w-newsList1 .aspectRatio {
    padding-bottom: 56.25%;
}

.w-newsList1 .news-text {
    position: relative;
    width: 100%;
    top: 0;
    transform: none;
    -webkit-transform: none;
    padding: 1.2em 4% 1.5em;
}

:root .w-newsList1 .news-text {
    top: 0;
}

.w-newsList1 .adSN_page {
    left: 0;
    bottom: 2em;
    margin-bottom: 0;
}

.w-newsList1 .swiper-num {
    bottom: 232px;
    top: auto;
    margin-top: 0;
}

.w-newsList2 .news-h {
    font-size: 20px;
}

.w-newsList2 .img {
    float: none;
    width: 100%;
}

.w-newsList2 .news-text {
    margin-right: 0;
    text-align: center;
```

```css
        padding: 1em 0 3em;
    }

    .w-newsList2 .more {
        position: relative;
        margin-top: 1.2em;
        bottom: 0;
        display: inline-block;
    }

    .w-newsList2 .adSN_page {
        top: auto;
        bottom: 0 !important;
        left: 0;
        right: 0;
        transform: none;
        -webkit-transform: none;
        text-align: center;
    }

    .w-newsList2 .adSN_page span {
        margin: 0 0.3em !important;
        display: inline-block;
        width: 1.8em;
        height: 0.25em;
    }
}

@media (max-width:480px) {
    body {
        font-size: 4vw;
    }

    .title {
        font-size: 6vw;
    }

    .w-newsList1 .news-h {
        font-size: 125%;
    }

    .w-newsList1 .date .year {
        font-size: 300%;
    }
```

```
    .w-newsList1 .date .day_month {
        font-size: 110%;
    }

    .w-newsList1 .swiper-num {
        bottom: 15em;
    }

    .w-newsList1 .swiper-num .active {
        font-size: 200%;
    }

    .w-newsList2 .news-h {
        font-size: 125%;
    }
}
```

4.3.4 案例拓展

结合本案例中的响应式布局,设计一个响应式的网站首页,当在PC端浏览器中打开页面时,页面呈现上下结构的布局效果,顶部为网站导航,下方区域为Banner图片。页面效果如图4.18所示。

图 4.18 响应式网站首页效果

按【F12】键,打开浏览器的开发者工具,单击开发者工具顶部导航的"显示/隐藏设备工具栏"按钮,在显示的设备工具栏中,通过选择尺寸,将页面可视窗口尺寸大小设置为 iPhone 6/7/8 Plus(414 px×736 px),模拟页面在移动端屏幕上访问的效果,效果如图4.19所示。

图 4.19 设置页面可视窗口尺寸

当页面在移动端打开时,隐藏了导航栏列表,用户单击页面右上角的导航栏切换按钮时,显示网站导航,效果如图4.20所示。

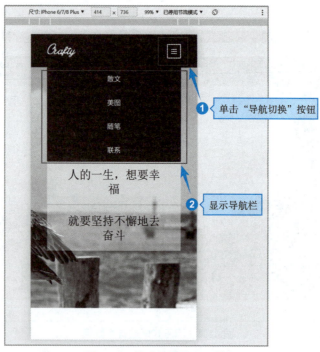

图 4.20 移动端导航显示效果

通过响应式布局设计的网站,在不同设备上的显示会呈现不同的布局效果(案例代码参考本书配套源码中的单元4/练习/demo2)。

4.4 【案例3】焦点图展示效果

4.4.1 案例介绍

本案例实现的是一个焦点图展示效果,焦点图是一种网站内容的展示形式,一般会把焦点图放置在网站最显眼的位置,用图片组合播放或手动获取焦点的形式播放。网页的焦点图展示效果如图4.21所示。

图 4.21 焦点图页面效果

当用户将鼠标停留在展示区域左侧的缩略图上时,被鼠标悬停的缩略图就会获取焦点,然后在展示区域的右侧查看放大后的图片内容。图片获取焦点的效果如图4.22所示。

图 4.22 图片获取焦点效果

4.4.2　案例准备

jQuery提供了多种遍历DOM的方法，简单来说，DOM遍历就是根据其相对于其他HTML元素的关系来查找或选取目标元素。用户可以从某个DOM节点开始，然后沿着这个节点不断地移动，直至找到目标元素为止。HTML的DOM元素就是一个树形结构，DOM树的效果如图4.23所示。

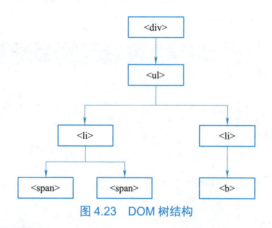

图 4.23　DOM 树结构

在图4.23中，<div>元素是所有元素的祖先，也是<ul>元素的父元素，依此类推，<ul>元素是<li>元素的父元素，同时也是<div>的子元素。<ul>元素有两个<li>的后代，两个<li>元素又是同胞元素。理解DOM树结构中的祖先元素、父元素、子元素、后代元素等概念后，才能更好地掌握jQuery的DOM元素遍历方法。

1. jQuery 祖先遍历

祖先是一个很宽泛的概念，其中包括了父元素、祖父元素、曾祖父元素等，只要是当前元素在DOM树结构中的上层元素，都可以称为该元素的祖先元素。jQuery提供了如下三个用于遍历祖先元素的方法。

（1）parent()方法：返回被选元素的直接父元素，该方法只会向上一级对DOM树进行遍历。

（2）parents()方法：返回被选元素的所有祖先元素，会一路向上遍历，直到文档的<html>根元素。

（3）parentsUntil()方法：返回介于两个给定元素之间的所有祖先元素。

遍历祖先元素的示例代码如下所示：

```
$(document).ready(function(){
  // 返回<span>的直接父元素
  $("span").parent();

  // 返回<span>的所有祖先元素
  $("span").parents();

  // 返回介于 <span> 与 <div> 元素之间的所有祖先元素
```

```
    $("span").parentsUntil("div");
});
```

2. jQuery 同胞遍历

同胞元素是指与被选元素拥有相同父元素的其他元素，jQuery提供了以下方法用于DOM树的水平遍历。

（1）siblings()方法：返回被选元素的所有同胞元素。

（2）next()方法：返回被选元素的下一个同胞元素。

（3）nextAll()方法：返回被选元素的所有跟随的同胞元素。

（4）nextUntil()方法：返回介于两个给定参数之间的所有跟随的同胞元素。

（5）prev()方法：返回被选元素的上一个同胞元素。

（6）prevAll()方法：返回被选元素之前的所有同胞元素。

（7）prevUntil()方法：返回介于两个给定参数之前的所有同胞元素。

遍历同胞元素的示例代码如下所示：

```
$(document).ready(function(){
    // 返回<h2>的所有同胞元素
    $("h2").siblings();

    // 返回<h2>的下一个同胞元素
    $("h2").next();

    // 返回<h2>的所有跟随的同胞元素
    $("h2").nextAll();

    // 返回介于<h2>与<h6>元素之间的所有同胞元素
    $("h2").nextUntil("h6");
});
```

3. jQuery 后代遍历

后代的概念与祖先类似，其中包括子元素、孙子元素、曾孙元素等，被选元素在DOM树结构中的下层元素都可以称为该元素的后代元素。jQuery提供了如下两个用于向下遍历DOM树的方法。

（1）children()方法：返回被选元素的所有直接子元素。

（2）find()方法：返回被选元素的后代元素，一路向下直到最后一个后代。

遍历后代元素的示例代码如下所示：

```
$(document).ready(function(){
    // 返回<div>元素的所有直接子元素
    $("div").children();

    // 返回<div>子元素中所有的<p>元素
    $("div").children("p");
```

```
    // 返回<div>后代中所有的<span>元素
    $("div").find("span");
});
```

4.4.3 案例实现

在计算机的任意盘符创建demo文件夹，并在demo文件夹中创建css、js和image文件夹，分别用于存放CSS样式代码、JavaScript脚本代码和案例中需要使用的图片文件，然后在demo文件夹下创建index.html网页文件，用于编写网页元素代码。案例的完整文件结构如图4.24所示。

图 4.24 案例的完整文件结构

焦点图展示效果的示例代码如例4.6所示。

 例 4.6 焦点图展示效果

demo/index.html

```
<!DOCTYPE html>
<html>
<head>
    <meta charset="UTF-8">
    <title>焦点图特效</title>
    <link rel="stylesheet" type="text/css" href="css/index.css"/>
</head>
<body>
    <div class="container">
        <div class="focus-diagram">
            <div class="thumbnail">
                <img class="thumbnail-img" src="image/p1.jpeg" >
                <img class="thumbnail-img" src="image/p2.jpeg" >
                <img class="thumbnail-img" src="image/p3.jpeg" >
                <img class="thumbnail-img" src="image/p4.jpeg" >
                <img class="thumbnail-img" src="image/p5.jpeg" >
                <img class="thumbnail-img" src="image/p6.jpeg" >
            </div>
            <div class="preview">
                <img class="preview-img" src="img/p1.jpeg" >
            </div>
        </div>
```

```html
        </div>
        <script src="js/jquery.min.js"></script>
        <script src="js/index.js"></script>
</body>
</html>
```

demo/js/index.js

```javascript
$(function() {
    $('.thumbnail-img').on('mouseenter', function() {
        var imgsrc=$(this).attr('src')
        $('.preview-img').attr('src', imgsrc)
        $(this).addClass('thumbanail-active')
        $(this).siblings().removeClass('thumbanail-active')
    })
})
```

demo/css/index.css

```css
html,
body {
    margin: 0;
    padding: 0;
    width: 100%;
    height: 100%;
    background-color: #F5F5F5;
}

.focus-diagram {
    width: 800px;
    height: 320px;
    background-color: #FFFFFF;
    border: 1px solid #DDDDDD;
    margin: 20px auto;
    display: flex;
    padding: 10px;
}

.thumbnail {
    width: 190px;
    height: 100%;
}

.thumbnail-img {
    width: 80px;
    height: 60px;
```

```
        border: 3px solid #CCCCCC;
        box-sizing: border-box;
        padding: 2px;
        cursor: pointer;
        margin: 10px 5px;
    }

    .preview {
        width: 610px;
        height: 320px;
    }

    .preview-img {
        height: 100%;
        width: 100%;
    }

    .thumbanail-active {
        border-color: #1689D9;
    }
```

4.4.4 案例拓展

结合本案例中焦点图的实现，设计一个电商网站的商品详情页，在商品详情页中，使用焦点图效果展示商品主图。商品详情页的效果如图4.25所示。

图 4.25　商品详情页效果

在商品详情页的主图展示区域，用户将鼠标指针悬停在缩略图上时，在缩略图上方展示该商品图片的大图效果（案例代码参考本书配套源码中的单元4/练习/demo3），如图4.26所示。

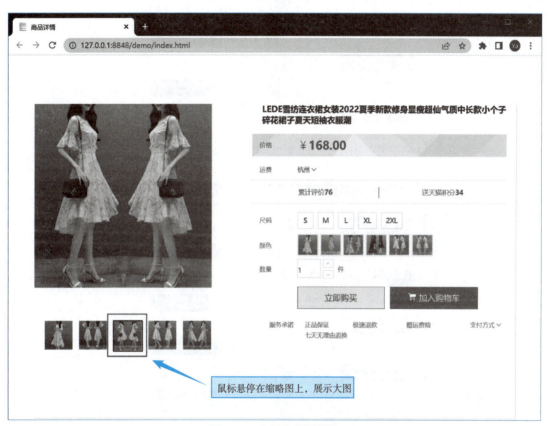

图 4.26　商品焦点图效果

4.5　【案例4】公司简介

4.5.1　案例介绍

本案例是一个展示公司"发展简史"的企业简介页面，在页面中使用了时间轴的UI效果，按照时间升序依次垂直排列展示。页面效果如图4.27所示。

在企业"发展简史"页面的左上角，使用标签的形式对窗口可视区域的公司发展阶段进行简要标注，例如，当窗口可视区域向下滚动到2017年至2018年的发展阶段时，左侧标签内的文字为"公司发展期"，效果如图4.28所示。当窗口可视区域继续向下滚动到2019至2021年的发展阶段时，左侧标签内的文字为"公司突破期"，效果如图4.29所示。

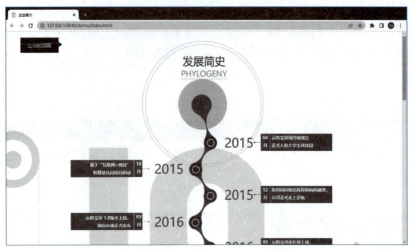

图 4.27 "公司初创期"展示效果

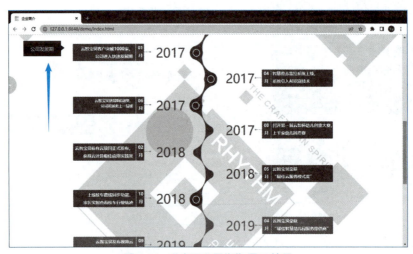

图 4.28 "公司发展期"展示效果

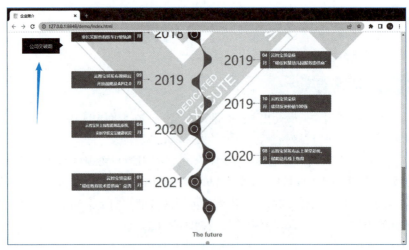

图 4.29 "公司突破期"展示效果

4.5.2 案例准备

1. CSS position 定位

position属性用于CSS中指定元素在文档中的定位方式，并通过top、right、bottom和left属性设置被定位元素的位置。position属性提供了五个用于定位的值，分别是：

（1）static：HTML元素的默认值，即没有定位，遵循正常的文档流对象。
（2）fixed：元素的位置相对于浏览器窗口是固定位置。
（3）relative：相对定位元素的定位是相对其正常位置。
（4）absolute：绝对定位的元素的位置相对于最近的已定位父元素，如果元素没有已定位的父元素，那么它的位置相对于<html>。
（5）sticky：黏性定位，基于用户的滚动位置来定位。

相对定位的元素是在文档中的正常位置偏移给定的值，但是不影响其他元素的偏移。相对定位的元素并未脱离文档流，而绝对定位的元素则脱离了文档流。在布置文档流中其他元素时，绝对定位元素不占据空间。固定定位与绝对定位相似，但元素的包含块为 viewport 视口，该定位方式常用于创建在滚动屏幕时仍固定在相同位置的元素。黏性定位可以认为是相对定位和固定定位的混合，元素在跨越特定阈值前为相对定位，之后为固定定位。

在本案例中，左侧的标签可以使用固定定位实现，也可以使用黏性定位实现，即窗口滚动后，元素相对于viewport视口仍处于同一位置。fixed固定定位与sticky黏性定位的示例代码如下所示：

```css
/* 固定定位 */
.pos_fixed {
    position:fixed;
    top:30px;
    right:5px;
}

/* 粘性定位 */
div.sticky {
    position: sticky;
    top: 0;
}
```

2. scroll 滚动事件

原生JavaScript为DOM元素提供了onscroll事件，元素滚动条会在滚动时被触发，例如，为<div>标签绑定onscroll事件，示例代码如下所示。

```html
<div onscroll="myFunction()">
```

也可以在 JavaScript 脚本中，使用 addEventListener()方法绑定事件，示例代码如下所示：

```
object.addEventListener("scroll", myScript);
```

在实际项目的开发中，为了提高效率，通常使用jQuery提供的scroll()事件方法实现对元素滚动条的监听。scroll 事件适用于所有可滚动的元素和 window 对象（即浏览器窗口）。触发被选元素的scroll事件的示例代码如下所示：

```
$("div").scroll(function(){
    $("span").text(x+=1);
});
```

4.5.3 案例实现

在计算机的任意盘符创建demo文件夹，并在demo文件夹中创建css、js和image文件夹，分别用于存放CSS样式代码、JavaScript脚本代码和案例中需要使用的图片文件，然后在demo文件夹下创建index.html网页文件，用于编写网页元素代码。案例的完整文件结构如图4.30所示。

图 4.30　案例的完整文件结构

公司简介案例的示例代码如例4.7所示。

 例 4.7　公司简介

demo/index.html

```
<!DOCTYPE html>
<html>
<head>
    <meta charset="utf-8">
    <title>企业简介</title>
    <link rel="stylesheet" type="text/css" href="css/base.css"/>
    <link rel="stylesheet" type="text/css" href="css/index.css"/>
    <script src="js/jquery.min.js"></script>
</head>
<body>
    <div class="history">
        <div class="history-tag">公司初创期</div>
        <div class="start-history">
            <p class="cc_history">发展简史</p>
            <p class="next_history">PHYLOGENY</p>
            <div class="history_left">
                <p class="history_L year2006">
                    <span class="history_2006_span">2015</span>
```

```html
        <b class="history_2006_b">
            <span class="history_l_month">10<br />月</span>
            <span class="history_l_text">
                基于"互联网+教育"<br />
                智慧幼儿园项目启动
            </span>
        </b>
</p>
<p class="history_L yearalmost">
    <span class="history_2006_span">2016</span>
    <b class="history_2006_b">
        <span class="history_l_month">03<br />月</span>
        <span class="history_l_text">
            云智宝贝 1.0版本上线,<br />
            面向市场正式发布
        </span>
    </b>
</p>
<p class="history_L year2009">
    <span class="history_2006_span">2016</span>
    <b class="history_2006_b">
        <span class="history_l_month">09<br />月</span>
        <span class="history_l_text">
            推出智慧园区云监控系统,<br />
            为幼儿园搭建云上监控系统
        </span>
    </b>
</p>
<p class="history_L yearalmost">
    <span class="history_2006_span blue">2017</span>
    <b class="history_2006_b blue">
        <span class="history_l_month">01<br />月</span>
        <span class="history_l_text">
            云智宝贝客户突破1000家,<br />
            公司进入快速发展期
        </span>
    </b>
</p>
<p class="history_L yearalmost">
    <span class="history_2006_span blue">2017</span>
    <b class="history_2006_b blue">
        <span class="history_l_month">06<br />月</span>
        <span class="history_l_text smalltext">
            云智宝贝获得B轮融资,<br />
```

```html
                    公司发展更上一层楼
                </span>
            </b>
        </p>
        <p class="history_L year2011">
            <span class="history_2006_span blue">2018</span>
            <b class="history_2006_b blue">
                <span class="history_l_month">02<br />月</span>
                <span class="history_l_text">
                    云智宝贝私有云项目正式发布,<br />
                    获得云计算最佳应用实践奖
                </span>
            </b>
        </p>
        <p class="history_L year2011">
            <span class="history_2006_span blue">2018</span>
            <b class="history_2006_b blue">
                <span class="history_l_month">10<br />月</span>
                <span class="history_l_text">
                    上线校车路线同步功能,<br />
                    家长实时查看校车行驶轨迹
                </span>
            </b>
        </p>
        <p class="history_L year2011">
            <span class="history_2006_span yellow">2019</span>
            <b class="history_2006_b yellow">
                <span class="history_l_month">09<br />月</span>
                <span class="history_l_text">
                    云智宝贝发布视频云<br />开放战略及API2.0
                </span>
            </b>
        </p>
        <p class="history_L year2013">
            <span class="history_2006_span yellow">2020</span>
            <b class="history_2006_b yellow">
                <span class="history_l_month">04<br />月</span>
                <span class="history_l_text smalltxt">
                    云智宝贝上线智能测温系统,<br />
                    实时掌握宝宝健康状况
                </span>
            </b>
        </p>
        <p class="history_L yearalmost">
```

```html
            <span class="history_2006_span yellow">2021</span>
            <b class="history_2006_b yellow">
                <span class="history_l_month">01<br />月</span>
                <span class="history_l_text full">
                        云智宝贝荣获<br />
                        "最佳教育技术提供商"荣誉
                </span>
            </b>
        </p>
</div>
<div class="history-img">
        <img class="history_img" src="images/history.png" alt="">
</div>
<div class="history_right">
        <p class="history_R history_r_2005">
            <span class="history_2005_span">2015</span>
            <b class="history_2005_b">
                <span class="history_r_month">04<br />月</span>
                <span class="history_r_text">
                        云智宝贝项目组成立<br />正式入驻大学生科技园
                </span>
            </b>
        </p>
        <p class="history_R yearalmostr">
            <span class="history_2005_span">2015</span>
            <b class="history_2005_b">
                <span class="history_r_month">12<br />月</span>
                <span class="history_r_text">
                        获得国内知名风投机构的融资，<br />
                        公司正式走上正轨
                </span>
            </b>
        </p>
        <p class="history_R yearalmostr">
            <span class="history_2005_span">2016</span>
            <b class="history_2005_b">
                <span class="history_r_month">05<br />月</span>
                <span class="history_r_text">
                        云智宝贝家长端上线，<br />
                        宝宝动态家长实时掌握
                </span>
            </b>
        </p>
        <p class="history_R yearalmostr">
```

```html
            <span class="history_2005_span">2016</span>
            <b class="history_2005_b">
                <span class="history_r_month">12<br />月</span>
                <span class="history_r_text">
                    云智宝贝安防系统发布上线，<br />
                    为园区的安全保驾护航
                </span>
            </b>
        </p>
        <p class="history_R yearalmostr">
            <span class="history_2005_span blue">2017</span>
            <b class="history_2005_b blue_R">
                <span class="history_r_month">04<br />月</span>
                <span class="history_r_text">
                    智慧营养监控系统上线，<br />
                    系统引入AI识别技术
                </span>
            </b>
        </p>
        <p class="history_R yearalmostr">
            <span class="history_2005_span blue">2017</span>
            <b class="history_2005_b blue_R">
                <span class="history_r_month">08<br />月</span>
                <span class="history_r_text">
                    召开第一届云智杯幼儿创意大赛，<br />
                    上千家幼儿园参赛
                </span>
            </b>
        </p>
        <p class="history_R year211">
            <span class="history_2005_span blue">2018</span>
            <b class="history_2005_b blue_R">
                <span class="history_r_month">05<br />月</span>
                <span class="history_r_text">
                    云智宝贝荣获<br />"最佳云服务模式奖"
                </span>
            </b>
        </p>
        <p class="history_R yearalmostr">
            <span class="history_2005_span yellow">2019</span>
            <b class="history_2005_b yellow_R">
                <span class="history_r_month">04<br />月</span>
                <span class="history_r_text">
                    云智宝贝荣获<br />"最佳智慧幼儿园服务提供商"
```

```html
                </span>
            </b>
        </p>
        <p class="history_R year211">
            <span class="history_2005_span yellow">2019</span>
            <b class="history_2005_b yellow_R">
                <span class="history_r_month">10<br />月</span>
                <span class="history_r_text">
                    云智宝贝荣获<br />最具投资价值100强
                </span>
            </b>
        </p>
        <p class="history_R yearalmostr">
            <span class="history_2005_span yellow">2020</span>
            <b class="history_2005_b yellow_R">
                <span class="history_r_month">08<br />月</span>
                <span class="history_r_text">
                    云智宝贝发布云上课堂系统，<br />
                    赋能幼儿线上教育
                </span>
            </b>
        </p>
    </div>
    <div class="clear"></div>
    </div>
    <div class="clear"></div>
    </div>
    <script src="js/scroll.js"></script>
    <script src="js/index.js"></script>
</body>
</html>
```

demo/js/index.js

```
$(window).scroll(function() {
    // 监听窗口滚动事件
    $(window).scroll(function() {
        var top=$(document).scrollTop();
        if(top>=0 && top<=800) {
            $('.history-tag').text('公司初创期')
        } else if (top>800 && top<=1400) {
            $('.history-tag').text('公司发展期')
        } else if (top>1400) {
            $('.history-tag').text('公司突破期')
        }
    })
```

```javascript
        var msg=$(".history-img");
        var item=$(".history_L");
        var items=$(".history_R");
        var windowHeight=$(window).height();
        var Scroll=$(document).scrollTop();
        if((msg.offset().top-Scroll-windowHeight)<=0) {
            msg.fadeIn(1500);
        }
        for(var i=0; i<item.length; i++) {
            if(($(item[i]).offset().top-Scroll-windowHeight)<=-100) {
                $(item[i]).animate({
                    marginRight:'0px'
                },'50','swing');
            }
        }
        for(var i=0; i<items.length; i++) {
            if(($(items[i]).offset().top-Scroll-windowHeight)<=-100) {
                $(items[i]).animate({
                    marginLeft:'0px'
                },'50','swing');
            }
        }
});
```

demo/css/index.css 文件部分核心代码（详细代码可以查看本书配套源码中的单元4/例-4.7/demo/css/index.css）。

```css
.history {
    width: 100%;
    height: 2200px;
    position: relative;
    background: url("../images/history_bg.png") center no-repeat
}
.start-history {
    width: 1000px;
    height: 2200px;
    margin: 30px auto;
    text-align: center;
    background: url("../images/history_start.png") no-repeat top center;
    display: block
}
.cc_history {
    color: #2b2b2b;
    font-size: 36px;
```

```css
    font-weight: 400;
    display: block;
    padding-top: 43px
}
.next_history {
    color: #bbb;
    font-size: 26px;
    width: 160px;
    margin: 0 auto;
    border-bottom: 1px solid #d1d1d1
}
.history-img {
    height: 2050px;
    width: 130px;
    overflow: hidden;
    float: left;
    margin-top: 24px;
    margin-left: 8px
}
.history_mid {
    width: 1000px;
    height: auto;
    margin: 0 auto;
    background: 0
}
.history-tag {
    width: 130px;
    height: 50px;
    font-size: 16px;
    position: fixed;
    top: 20px;
    left: 50px;
    display: flex;
    align-items: center;
    justify-content: center;
    background-color: #000000;
    color: #FFFFFF;
}
.history-tag:before,
.history-tag:after {
    content:'';
    display: block;
    position: absolute;
```

```
        top: 15px;
        left: 130px;
        height: 5px;
        width: 0;
        height: 0;
        border-top: 8px solid transparent;
        border-bottom: 8px solid transparent;
        border-left: 11px solid black;
}
```

4.5.4 案例拓展

结合本案例中的定位技术,实现一个移动端的分类导航楼层特效(案例代码参考本书配套源码中的单元4/练习/demo4),页面效果如图4.31所示。

图 4.31 移动端分类导航效果

在分类导航页面的左侧是楼层效果的分类标题,右侧为该分类下的信息列表,当右侧区域向下滚动时,激活左侧对应的楼层标题,效果如图4.32所示。

图 4.32　激活楼层标题效果

小　　结

本单元主要介绍了常用事件处理方法的使用，包括鼠标事件、键盘事件和窗口事件。实现网页特效离不开事件处理，熟练掌握JavaScript的事件处理方法是开发网页特效的基本技能。在项目开发中，为了提高开发效率，通常会使用jQuery提供的事件方法处理网页事件，jQuery代码比原生JavaScript代码更加简洁、高效，这也是jQuery备受青睐的原因之一。

习　　题

1. 简述什么是冒泡型事件。如何阻止事件冒泡？
2. 如何获取用户输入的键盘值？
3. 如何使用 jQuery 监听页面加载完毕？

单元 5

表单处理

学习目标

- 掌握 HTML 表单元素的使用；
- 掌握 JavaScript 正则表达式语法规则；
- 掌握表单事件的使用。

表单是 Web 网页开发中常见功能之一，主要负责网站数据采集的功能。用户通过表单可以在浏览器中向服务端提交信息，例如用户注册、收货地址、在线调查问卷等，都是表单的具体应用形式。网页中的表单主要由三部分组成，分别是表单标签、表单域和表单按钮。在线表单是用户提交信息的入口，在网站中实现了向用户传递信息的目的，但如果处理不当，在线表单也会为网站带来潜在的安全风险。因此，作为网站开发人员，需要掌握表单验证的代码编程能力。

视 频

表单验证

5.1 表单验证

5.1.1 HTML表单元素

1. 表单标签

\<form\> 标签是一个表单容器，主要用于表单的声明，定义采集数据的范围。被\<form\>开始标签和\</form\>结束标签所包含的数据将被提交到服务器。\<form\> 标签的示例代码如下所示。

```html
<form action="/user/login" method="post">
    <div>
        用户名：<input name="user_name" type="text" />
    </div>
    <div>
        密码：<input name="password" type="password" />
    </div>
    <div>
        <button type='submit'>登录</button>
    </div>
</form>
```

上面的示例代码在浏览器中运行后的效果如图5.1所示。

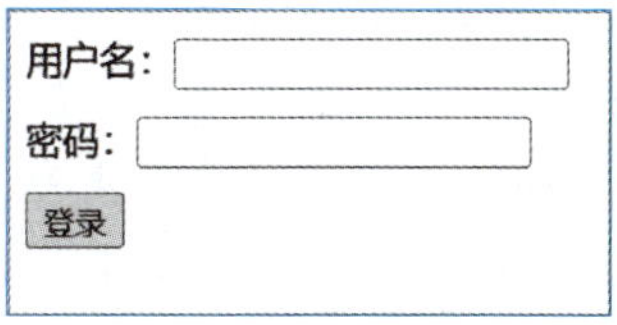

图 5.1　用户登录表单效果

当用户单击表单中的"登录"按钮时,使用post方式能够把用户输入的用户名和密码提交至网站服务器的"/user/login"页面或接口中。

<form> 标签可以定义众多属性,下面详细介绍<form>标签上的属性。

1) method属性

表单提交数据时,会发送一个HTTP协议的数据请求,<form>标签上的method属性可用于设定HTTP请求的方式。常用的方式有post、get等,如果未设置method属性将使用默认的get方式提交数据。

2) action属性

action属性用于设定表单所提交的服务器的 URL,可以是相对路径或绝对路径,示例代码如下所示。

```
<form action="http://www.1000phone.com/" method="post">
</form>
```

上述代码使用 post 方式向千锋教育官网首页提交数据。

3) target属性

target属性用于设置表单提交之后的新页面打开方式,默认是在当前页面打开新地址,可选值包括:

- _blank:新窗口;
- _self:默认值,当前窗口;
- _parent:父窗口;
- _top:顶层窗口;
- _framename:指定的框架。

4) autocomplete属性

autocomplete属性用于设置是否开启自动完成功能,开启该功能后,浏览器会自动保存表单的历史提交记录,当用户下次输入时会进行自动提示,该属性的可用值为on/off。

5) enctype属性

enctype 属性用于定义表单数据提交到服务器的过程中如何对数据进行编码,可选值有:

- application/x-www-form-urlencoded:当表单提交数据时,需要对字符进行编码,该方式为表单默认方式。
- multipart/form-data:当表单提交数据时,浏览器不对字符进行编码,适用于文件上传。
- text/plain:浏览器将请求参数放入body作为字符串处理,适用于传输原生HTTP报文。

6) accept-charset属性

accept-charset 属性用于设定使用何种字符集处理表单数据,常用值如utf-8、ISO-8859-1、

GB2312 等。如果需要使用多个字符编码，则需要使用逗号隔开。如果没有设置 accept-charset 属性，则默认使用与 HTML 文档一致的编码。示例代码如下所示。

```
<!--使用Unicode编码-->
<form accept-charset='utf-8'> </form>
<!--使用拉丁编码-->
<form accept-charset='ISO-8859-1'> </form>
<!--同时支持两种编码-->
<form accept-charset="utf-8,ISO-8859-1"> </form>
```

7）novalidate属性

novalidate属性用于关闭表单提交时的验证功能，该属性的值为Boolean类型。设置该属性后，表单提交时不会验证输入；如果没有设置该属性，用户单击"提交"按钮时，浏览器会根据表单输入框的类型验证输入内容是否合法。示例代码如下所示。

```
<!--提交时不验证-->
<form action="" method="post" novalidate>
    <div>
        用户名：
        <input type="text" name="user_name" required="">
    </div>
    <div>
        密码：
        <input type="password" name="password" required="">
    </div>
    <div>
        <button type='submit'>登录</button>
    </div>
</form>
<!--提交时验证-->
<form action="" method="post">
    <div>
        用户名：
        <input type="text" name="user_name" required="">
    </div>
    <div>
        密码：
        <input type="password" name="password" required="">
    </div>
    <div>
        <button type='submit'>登录</button>
    </div>
</form>
```

在上述示例代码中，当单击"登录"按钮时，浏览器会验证用户名是否输入，密码是否输入，若未输入内容，则浏览器会进行提示，并且不会提交成功。

2. 表单域

表单域包含了文本框、复选框、隐藏域、单选按钮、下拉列表框等，主要用于采集用户输入或选择的数据。在HTML5中对表单域新增了日期、数字、按钮、文件、密码、隐藏域等多种类型。下面详细介绍常用的表单域。

1）文本框

文本框是最常见的表单控件，在<input>标签中，将type属性的值设置为text，则可定义一个文本框。示例代码如下所示。

```
<input type="text"/>
```

2）复选框

复选框用于对多个选项进行复合选择，在<input>标签中，将type属性的值设置为checkbox，则可定义复选框，示例代码如下所示。

```
<input type="checkbox" name="hobby" value="sing" />唱歌
<input type="checkbox" name="hobby" value="dance" />跳舞
<input type="checkbox" name="hobby" value="draw" />画画
```

3）单选按钮

单选按钮用于多个选项的唯一选择，多个选项要通过name属性定义选项组才能实现单选功能，在<input>标签中，将type属性的值设置为radio，则可定义一个单选按钮。示例代码如下所示。

```
<input type="radio" name="gender" value="man"/> 男
<input type="radio" name="gender" value="woman"/> 女
```

4）密码框

密码框是一种特殊的文本控件，用于用户登录或注册时的密码输入，输入的值会默认被转义为"*"号，在<input>标签中，将type属性的值设置为password，则可定义一个密码输入框。示例代码如下所示。

```
<input type="password" name="password" autocomplete="off" />
```

5）隐藏输入框

在表单中定义的隐藏域元素不会显示在页面中，通常会应用在一些特定的场景下，例如，在表单提交时需要传递的参数中必须包含必要的参数项，但是该项又不便于展示在页面中，就可以把该参数定义为隐藏域元素。在<input>标签中，将type属性的值设置为hidden，则可定义一个隐藏域的表单元素，示例代码如下所示：

```
<form action="" method="post">
    <!-- 隐藏域 -->
    <input type="hidden" value="userId">
</form>
```

6）文件上传

在表单中经常会用到文件上传功能，例如，用户上传头像等，这就需要在表单中定义文件上传元素，在<input>标签上，将type属性的值设置为file，则可定义一个文件域，并且需要设置

enctype=multipart/form-data 编码方式，才能保证正确传输文件。示例代码如下所示。

```
<form action="/user/set" method="post" enctype="multipart/form-data">
    <label for="avatar">选择新的头像</label>
    <input name="avatar" type="file">
</form>
```

3. 表单按钮

表单按钮用于控制表单的基本操作，主要的表单按钮包括提交按钮和重置按钮。

1）提交按钮

提交按钮相当于表单的开关，当用户单击"提交"按钮时，浏览器会将表单数据提交给服务器。在<input>标签中，将type属性的值设置为submit，则可定义一个提交按钮，该按钮必须被包裹在<form></form>标签中才能生效。示例代码如下所示。

```
<form action="/user/settings" method="post">
    <!-- 使用input标签的提交按钮 -->
    <input type="submit" value="提交">
    <!-- 使用button标签的提交按钮 -->
    <button type="submit">提交</button>
</form>
```

2）重置按钮

重置按钮用于将表单内的控件的值重置为初始化状态，并非清空数据，表单中的初始化数据定义在 value 值中，而且重置按钮必须包裹在<form></form>表单标签中。示例代码如下所示。

```
<form action="/user/reg" method="post">
    <div>
        用户名：
        <input name="name" value="" />
    </div>
    <div>
        性别：
        <input type="radio" name="gender" value="man" checked> 男
        <input type="radio" name="gender" value="woman"> 女
    </div>
    <div>
        <input type="reset" value="重置">
    </div>
</form>
```

在上述代码中，用户名的初始数据为空，性别的初始数据为"男"，当单击"重置"按钮时，表单元素的数据会恢复到初始化状态。

5.1.2　正则表达式

正则表达式（Regular Expression）是对字符串操作的一种逻辑公式，常用来检索、过滤、替换符合某个规则的一些文本。许多程序设计语言都支持利用正则表达式进行字符串操作，在JavaScript中提供了RegExp()构造函数，用来创建一个正则表达式对象，利用正则表达式从字符串中匹配想要的内容。

使用RegExp()构造函数创建一个RegExp实例，示例代码如下所示。

```
var regexp=new RegExp(/^a*$/);
```

在上述示例代码中，创建了一个规则为字符串从开始到结尾必须是任意多个字母"a"的正则表达式，并实例化了一个regexp对象，调用regexp对象的test()方法校验某个字符串是否符合该正则表达式匹配规则。test()方法匹配字符串的示例代码如下所示。

```
regexp.test('aaa');        // 结果为true
regexp.test('a');          // 结果为true
regexp.test('a1');         // 结果为false
```

正则表达式的语法中提供了三种修饰符，用于限定在全局搜索中的匹配规则。正则表达式修饰符的介绍见表5.1。

表5.1　正则表达式的修饰符

修饰符	描　　述
i	执行匹配时忽略英文字母大小写
g	全局匹配，找到所有匹配，而不是在第一个匹配后停止
m	执行多行匹配

在多行匹配模式下，开头和末尾并不是整个字符串的开头和末尾，而是一行的开头和末尾。在设计正则表达式的匹配规则时，还需要掌握以下几种正则表达式的常用模式：

1. 范围表达式

- [abc]：查找方括号之间的任何字符。
- [0-9]：查找任何从0至9的数字。
- (x|y)：查找任何以"|"线分隔的选项。

2. 元字符

- \d：查找数字。
- \s：查找空白字符。
- \b：匹配单词边界。
- \uxxxx：查找以十六进制数xxxx规定的Unicode字符。

3. 匹配量词

- n+：匹配任何包含至少一个n的字符串。
- n*：匹配任何包含零个或多个n的字符串。
- n?：匹配任何包含零个或一个n的字符串。

可以利用正则表达式匹配用户在表单中输入的数据是否符合规则的要求，例如对手机号码、邮箱地址、身份证号等常见信息的规则匹配，当用户输入的内容不符合要求时，将禁止表单数据提交到服务器。

使用正则表达式实现表单数据校验的示例代码如例5.1所示。

 例 5.1　正则表达式的表单验证

```
<!DOCTYPE html>
<html>
<head>
    <meta charset="utf-8">
    <title>正则表达式</title>
    <style type="text/css">
        #r1,
        #r2 {
            margin-left: 10px;
            color: red;
        }

        #result {
            margin-left: 10px;
            color: #008000;
        }
    </style>
</head>
<body>
    <div>
        手机号:
        <input type="text" id="phone" />
        <span id="r1"></span>
    </div>
    <div>
        Email:
        <input type="text" id="email" />
        <span id="r2"></span>
    </div>
    <div>
        <button id="validation">校验</button>
        <span id="result"></span>
    </div>
    <script src="js/jquery.min.js"></script>
    <script type="text/javascript">
        $(function() {
            // 邮箱正则表达式
            var emailPatter=
            /\w[-\w.+]*@([A-Za-z0-9][-A-Za-z0-9]+\.)+[A-Za-z]{2,14}/;

            // 手机号正则表达式
```

```
                var phonePatter=/^1[3|4|5|7|8][0-9]{9}$/;

                $('#validation').click(function() {
                    var phone=$('#phone').val()
                    var email=$('#email').val()

                    var phoneValid=phonePatter.test(phone)
                    var emailValid=emailPatter.test(email)
                    console.log(emailValid, phoneValid, email, phone);
                    if (emailValid && phoneValid) {
                        $('#result').text('验证通过')
                        $('#r1,#r2').text('')
                    } else {
                        $('#result').text('')
                        if (!phoneValid) {
                            $('#r1').text('请输入11位有效手机号码')
                        } else {
                            $('#r1').text('')
                        }
                        if (!emailValid) {
                            $('#r2').text('请输入正确的邮箱地址')
                        } else {
                            $('#r2').text('')
                        }
                    }

                })
            })
        </script>
</body>
</html>
```

例5.1在浏览器中运行后的效果如图5.2所示。

当用户输入手机号和邮箱，单击"校验"按钮时，开始对输入框内的值进行验证，如果不符合匹配规则的话，页面将显示错误提示，错误提示效果如图5.3所示。

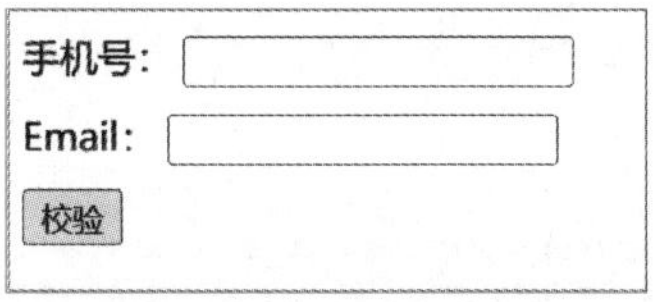

图 5.2　正则表达式验证表单 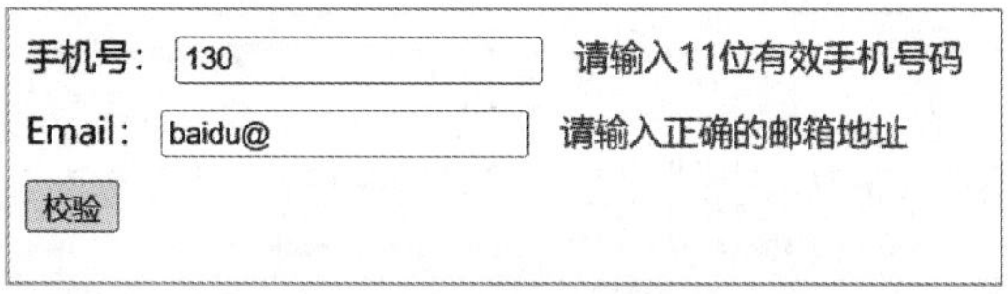　　　　图 5.3　表单校验错误提示信息

5.1.3　表单事件处理

JavaScript提供了一系列表单事件，见表5.2。

表 5.2　JavaScript 表单事件

事 件 名	描 述
onblur	元素失去焦点时触发
onchange	该事件在表单元素的内容改变时触发
onfocus	元素获取焦点时触发
onfocusin	元素即将获取焦点时触发
onfocusout	元素即将失去焦点时触发
oninput	元素获取用户输入时触发
onreset	表单重置时触发
onsearch	用户向搜索域输入文本时触发
onselect	用户选取文本时触发
onsubmit	表单提交时触发

通过表单事件实现的表单验证的代码如例5.2所示。

  例 5.2　表单事件实现的表单验证

demo/index.html

```
<!DOCTYPE html>
<html>
<head>
    <meta charset="utf-8">
    <title>表单事件</title>
    <style type="text/css">
        .form-item {
            margin: 15px 0px;
        }
        .err-tip {
            color: red;
            display: none;
        }
    </style>
</head>
<body>
    <form id="userReg" method="post">
        <div class="form-item">
            用户名：<input type="text" name="username" />
            <span class="err-tip err-tip-1"></span>
        </div>
        <div class="form-item">
            手机号：<input type="text" name="phone" />
```

```html
            <span class="err-tip err-tip-2"></span>
        </div>
        <div class="form-item">
            登录方式:
            <select name="loginTypes">
                <option value="null">请选择</option>
                <option value="username">用户名</option>
                <option value="phone">手机号</option>
                <option value="all">用户名/手机号</option>
            </select>
            <span class="err-tip err-tip-3"></span>
        </div>
        <div class="form-item">
            <button type="submit">提交</button>
        </div>
    </form>
    <script src="js/jquery.min.js"></script>
    <script src="js/index.js"></script>
</body>
</html>
```

demo/js/index.js

```javascript
$(function() {
    var usernameValid, phoneValid, loginTypesValid=false
    // 手机号正则表达式
    var phonePatter=/^1[3|4|5|7|8][0-9]{9}$/;
    var isEmpty=function(val) {
        return val!==null && val!==undefined && val.trim()!==''
    }
    
    // 用户名校验
    $('input[name="username"]').on('blur', function(e) {
        var username=e.target.value
        if (username.length<3) {
            $('.err-tip-1').text('用户名长度必须大于等于三位')
            $('.err-tip-1').show()
            usernameValid=false
        } else {
            $('.err-tip-1').hide()
            $('.err-tip-1').text('')
            usernameValid=true
        }
    })
```

```javascript
// 手机号校验
$('input[name="phone"]').on('blur', function(e) {
    var phone=e.target.value
    if(!phonePatter.test(phone)) {
        $('.err-tip-2').text('请输入正确的11位手机号')
        $('.err-tip-2').show()
        phoneValid=false
    } else {
        $('.err-tip-2').hide()
        $('.err-tip-2').text('')
        phoneValid=true
    }
})

// 登录方式校验
$('select[name="loginTypes"]').on('change', function(e) {
    var type=e.target.value
    switch (type) {
        case 'username':
            var name=$('input[name="username"]').val()
            isEmpty(name)?(function() {
                    $('.err-tip-3').hide()
                    $('.err-tip-3').text('')
                    loginTypesValid=true
                })():
                (function() {
                    $('.err-tip-3').text('请先输入用户名')
                    $('.err-tip-3').show()
                    loginTypesValid=false
                })()
            break;
        case'phone':
            var phone=$('input[name="phone"]').val()
            isEmpty(phone)?(function() {
                    $('.err-tip-3').hide()
                    $('.err-tip-3').text('')
                    loginTypesValid=true
                })() :
                (function() {
                    $('.err-tip-3').text('请先输入手机号')
                    $('.err-tip-3').show()
                    loginTypesValid=false
                })()
            break;
```

```
                case'all':
                    var phone=$('input[name="phone"]').val()
                    var name=$('input[name="username"]').val()
                    isEmpty(phone) && isEmpty(name)?(function() {
                        $('.err-tip-3').hide()
                        $('.err-tip-3').text('')
                        loginTypesValid=true
                    })() :
                    (function() {
                        $('.err-tip-3').text('请先输入用户名和手机号')
                        $('.err-tip-3').show()
                        loginTypesValid=false
                    })()
                    break;
                case'null':
                    (function() {
                        $('.err-tip-3').hide()
                        $('.err-tip-3').text('')
                    })()
                    loginTypesValid=false
                    break;
            }
        })

        // 表单提交校验
        $('#userReg').on('submit', function(e) {
            e.preventDefault()
            if(usernameValid && phoneValid && loginTypesValid) {
                location.href='success.html'
            } else {
                alert('请完善基本信息')
            }
        })
    })
```

demo/success.html
```
<!DOCTYPE html>
<html>
 <head>
    <meta charset="utf-8">
 </head>
 <body>
    <h1>新用户注册成功！</h1>
 </body>
</html>
```

例5.2在浏览器中运行的效果如图5.4所示。

当输入框失去焦点时，会自动进行表单元素的数据校验。例如，当用户完成用户名输入后，用户名输入框失去焦点就会对该项进行校验，如果不能匹配用户名的规则，页面将显示错误提示，效果如图5.5所示。

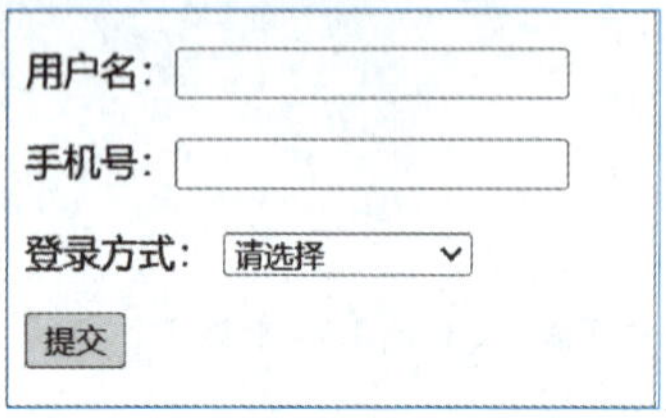

图 5.4　表单事件初始化效果

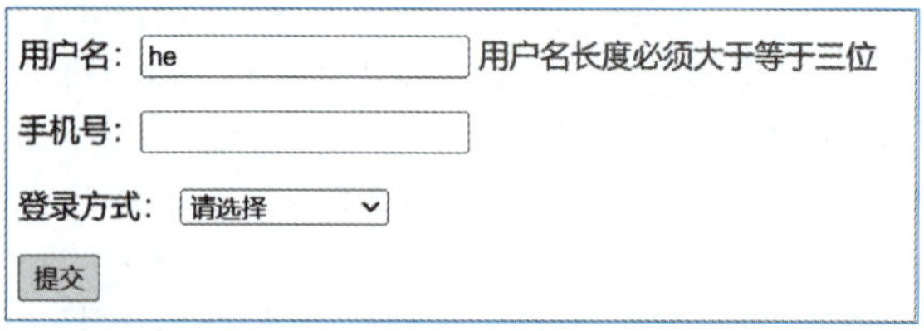

图 5.5　表单输入有误的提示效果

视　频

信息登记卡

5.2　【案例1】信息登记卡

5.2.1　案例介绍

本案例是一个实现活动信息登记的案例，信息登记是网站常见的应用场景，主要用于收集网站用户信息资料。信息登记卡其实就是一个form表单，效果如图5.6所示。

图 5.6　信息登记卡效果

用户在填写信息登记的内容时，要根据每项的规则要求进行填写，当用户填写的内容不能匹配该项的规则时，在每项表单元素下方会显示错误提示信息，效果如图5.7所示。

图 5.7　活动信息表单验证

5.2.2 案例准备

jQuery选择器继承了CSS和Path语言的部分语法，允许通过标签名、属性名或内容对DOM元素进行快速、准确的选择，而不必担心浏览器的兼容性。通过jQuery选择器对网页元素的精准定位，才能完成元素属性和行为的处理。在获取form表单元素时，除了使用传统的id、类、标签名称等选择器外，还可以使用属性选择器和表单选择器实现表单元素的快速选择。

jQuery属性选择器就是通过元素的属性作为过滤条件进行筛选对象，属性选择器及说明见表5.3。

表 5.3　jQuery 属性选择器及说明

选　择　器	说　　明
[attribute]	匹配包含给定属性的元素
[attribute=value]	匹配属性值为value的元素
[attribute!=value]	匹配属性值不等于value的元素
[attribute*=value]	匹配属性值含有value的元素
[attribute^=value]	匹配属性值以value开始的元素
[attribute$=value]	匹配属性值以value结束的元素
[selector1][selector2][selectorN]	复合属性选择器，需要同时满足多个条件时使用

jQuery属性选择器的示例代码如下所示。

```
$("div[name]")                 //匹配包含有name属性的div元素
$("div[name='test']")          //匹配name属性是test的div元素
$("div[name!='test']")         //匹配name属性不是test的div元素
$("div[name*='test']")         //匹配name属性值中含有test值的div元素
$("div[name^='test']")         //匹配name属性以test开头的div元素
$("div[name$='test']")         //匹配name属性以test结尾的div元素
$("div[id][name^='test']")     //匹配具有id属性并且name属性以test开头的div元素
```

jQuery表单选择器用于匹配经常在表单内出现的元素，但是匹配的元素并不一定在表单中。表单选择器及说明见表5.4。

表5.4　jQuery 表单选择器及说明

选择器	说　　明
:input	匹配所有input元素
:button	匹配所有普通按钮，即type="button"的input元素
:checkbox	匹配所有复选框
:file	匹配所有文件域
:hidden	匹配所有不可见元素，或者type为hidden的元素
:image	匹配所有图像域
:password	匹配所有密码域
:radio	匹配所有单选按钮
:reset	匹配所有重置按钮，即type="reset"的input元素
:submit	匹配所有提交按钮，即type="submit"的input元素
:text	匹配所有单行文本框

jQuery表单选择器的示例代码如下所示。

```
$(":input")         //匹配所有input元素
$("form :input")    //匹配<form>标记中的所有input元素，在form和冒号之间有一个空格
$(".button")        //匹配所有普通按钮
$(":checkbox")      //匹配所有复选框
$(":file")          //匹配所有文件域
$(":hidden")        //匹配所有隐藏域
$(":image")         //匹配所有图像域
$(":password")      //匹配所有密码域
$(":radio")         //匹配所有单选按钮
$(":reset")         //匹配所有重置按钮
$(":submit")        //匹配所有提交按钮
$(".text")          //匹配所有单行文本框
```

5.2.3 案例实现

在计算机的任意盘符创建demo文件夹，并在demo文件夹中创建css和js文件夹，分别用于存放CSS样式代码和JavaScript脚本代码文件，然后在demo文件夹下创建index.html网页文件，用于编写网页元素代码。案例的完整文件结构如图5.8所示。

图 5.8　案例的完整文件结构

活动信息登记卡案例的示例代码如例5.3所示。

 例 5.3　活动信息登记卡

demo/index.html

```
<!DOCTYPE html>
<html>
<head>
    <meta charset="utf-8">
    <title>信息登记卡</title>
    <link rel="stylesheet" type="text/css" href="css/index.css"/>
</head>
<body>
    <div class="info-reg">
        <div class=" form-title" >
            活动信息登记
        </div>
        <form class="info-form">
            <div class="form-item">
                <label class="form-item-label">活动名称</label>
                <input type="text" name="activityName" placeholder="请输入" />
            </div>
            <div class="form-item__error activity-name-error">
                请输入活动名称
            </div>
            <div class="form-item">
                <label class="form-item-label">活动区域</label>
                <select name="activityArea">
                    <option value="0">请选择</option>
                    <option value="1">东城区</option>
                    <option value="2">西城区</option>
```

```html
                <option value="3">海淀区</option>
                <option value="4">昌平区</option>
                <option value="5">朝阳区</option>
                <option value="6">丰台区</option>
                <option value="7">其他区</option>
            </select>
        </div>
        <div class="form-item__error activity-area-error">
            请选择活动区域
        </div>
        <div class="form-item">
            <label class="form-item-label">活动时间</label>
            <input type="date" name="startTime" />
            <span class="cut-off">-</span>
            <input type="date" name="endTime" />
        </div>
        <div class="form-item__error activity-time-error">
            请输入活动时间
        </div>
        <div class="form-item">
            <label class="form-item-label">活动性质</label>
            <label class="checkbox-label">
                <input type="checkbox" name="activityProp" value="1" />
                美食活动
            </label>
            <label class="checkbox-label">
                <input type="checkbox" name="activityProp" value="2" />
                地推活动
            </label>
            <label class="checkbox-label">
                <input type="checkbox" name="activityProp" value="3" />
                线下主题
            </label>
            <label class="checkbox-label">
                <input type="checkbox" name="activityProp" value="4" />
                品牌推广
            </label>
        </div>
        <div class="form-item__error activity-prop-error">
            请至少选择一个活动性质
        </div>
        <div class="form-item">
            <label class="form-item-label">活动形式</label>
            <label class="radio-label">
```

```html
                <input type="radio" name="activityType" value="online" />
                线上
            </label>
            <label class="radio-label">
                <input type="radio" name="activityType" value="offline" />
                线下
            </label>
        </div>
        <div class="form-item__error activity-type-error">
            请选择活动形式
        </div>
        <div class="form-item">
            <button type="submit">创建活动</button>
            <button type="reset">重置</button>
        </div>
    </form>
</div>
<script src="js/jquery.min.js"></script>
<script src="js/index.js"></script>
</body>
</html>
```

demo/js/index.js

```javascript
$(function() {
    // 活动名称校验规则
    var validateActivityName=function(val) {
        if(val===undefined||val.trim()==='') {
            $('.activity-name-error').text('请输入活动名称')
            return false
        } else if(val.trim().length<3) {
            $('.activity-name-error').text('活动名称不能小于3个字符')
            return false
        }
        $('.activity-name-error').text('')
        return true
    }

    // 活动区域校验规则
    var validateActivityArea=function(val) {
        return val!='0'
    }

    // 活动时间校验规则
    var validateActivityTime=function(val, name) {
```

```javascript
        if(name==='start') {
            if(val && val.trim()!=='') {
                var date=new Date(val)
                var now=new Date()
                if(now.getTime()>=date.getTime()) {
                    $('.activity-time-error').text('活动开始时间不能早于当前时间')
                    return false
                } else {
                    $('.activity-time-error').text('')
                    return true
                }
            } else {
                $('.activity-time-error').text('活动开始时间不能为空')
                return false
            }
        } else if(name==='end') {
            if(val && val.trim()!=='') {
                var startVal=$('input[name="startTime"]').val()
                var start=new Date(startVal)
                var end=new Date(val)
                if (end.getTime()<=start.getTime()) {
                    $('.activity-time-error').text('活动结束时间不能早于活动开
                    始时间')
                    return false
                } else {
                    $('.activity-time-error').text('')
                    return true
                }
            } else {
                $('.activity-time-error').text('活动结束时间不能为空')
                return false
            }
        }
    }

    // 活动性质校验规则
    var validateActivityProp=function(val) {
        return val>0
    }

    // 活动形式校验规则
    var validateActivityType=function(val) {
        return val!=undefined
    }
```

```javascript
// 表单校验事件
var nameValid, areaValid, startValid, endValid
$('input[name="activityName"]').on('blur', function(e) {
    var name=e.target.value
    var nameValid=validateActivityName(name)
    var error=$('.activity-name-error')
    nameValid?error.hide():error.show()
})
$('select[name="activityArea"]').on('change', function(e) {
    var area=e.target.value
    var areaValid=validateActivityArea(area)
    var error=$('.activity-area-error')
    areaValid?error.hide():error.show()
})
$('input[name="startTime"]').on('blur', function(e) {
    var start=e.target.value
    var startValid=validateActivityTime(start,'start')
    var error=$('.activity-time-error')
    startValid?error.hide():error.show()
})
$('input[name="endTime"]').on('blur', function(e) {
    var end=e.target.value
    var endValid=validateActivityTime(end,'end')
    var error=$('.activity-time-error')
    endValid?error.hide():error.show()
})
$('.info-form').on('submit', function(e) {
    e.preventDefault()
    var form=e.target
    if (!nameValid) {
        var name=form['activityName'].value
        var result=validateActivityName(name)
        var error=$('.activity-name-error')
        result?error.hide():error.show()
    }
    if (!areaValid) {
        var area=form['activityArea'].value
        var result=validateActivityArea(area)
        var error=$('.activity-area-error')
        result?error.hide():error.show()
    }
    if (!startValid) {
        var start=form['startTime'].value
```

```javascript
            var result=validateActivityTime(start,'start')
            var error=$('.activity-time-error')
            result?error.hide():error.show()
        }
        if (!endValid) {
            var end=form['endTime'].value
            var result=validateActivityTime(end,'end')
            var error=$('.activity-time-error')
            result?error.hide():error.show()
        }
        // 活动性质校验
        var activityProp=$("[type='checkbox']:checked","form")
        var propValid=validateActivityProp(activityProp.length)
        var propError=$('.activity-prop-error')
        propValid?propError.hide():propError.show()
        // 活动形式校验
        var type=$("[name='activityType']:checked").val()
        var typeValid=validateActivityType(type)
        var typeError=$('.activity-type-error')
        typeValid?typeError.hide():typeError.show()
    })
})
```

demo/css/index.css

```css
.info-reg {
    border: 1px solid #EBEBEB;
    padding: 15px 30px;
    width: 500px;
    margin: 50px auto;
    border-radius: 5px;
    box-shadow: 1px 2px 5px rgba(0, 0, 0, 0.1);
}

.form-title {
    text-align: center;
    line-height: 40px;
    font-size: 14px;
    font-weight: 600;
}

.form-item {
    margin-top: 20px;
    font-size: 12px;
    display: flex;
```

```css
    align-items: center;
}

.form-item-label {
    font-size: 12px;
    color: #606266;
    margin-right: 10px;
}

.form-item-label::before {
    content:"*";
    color: #F56E6E;
    margin-right: 3px;
}

input {
    outline: none;
}

input[type='text'] {
    height: 30px;
    width: 200px;
    border-radius: 3px;
    border: 1px solid #DCDFE6;
    text-indent: 10px;
    font-size: 12px;
}

input[type='date'] {
    height: 30px;
    width: 200px;
    border-radius: 3px;
    border: 1px solid #DCDFE6;
    text-indent: 5px;
    font-size: 12px;
    display: flex;
    align-items: center;
}

select[name='activityArea'] {
    height: 30px;
    width: 200px;
    border-radius: 3px;
    border: 1px solid #DCDFE6;
    text-indent: 10px;
    font-size: 12px;
}
```

```css
.checkbox-label,
.radio-label {
    display: inline-flex;
    align-items: center;
    margin-right: 10px;
}

.cut-off {
    margin: 0px 10px;
}

.form-item__error {
    margin-left: 68px;
    color: #F56C6C;
    font-size: 12px;
    margin-top: 5px;
    display: none;
}

button {
    margin: 10px;
    border: 0;
    padding: 8px 15px;
    border-radius: 3px;
    cursor: pointer;
    font-size: 12px;
}

button[type='submit'] {
    background-color: #409EFF;
    color: #FFFFFF;
}

button[type='reset'] {
    background-color: #FFFFFF;
    border: 1px solid #DCDFE6;
    color: #606266;
}
```

5.2.4 案例拓展

结合例5.3中的表单验证功能,实现一个新用户注册表单(案例代码参考本书配套源码中的单元5/练习/demo1),效果如图5.9所示。

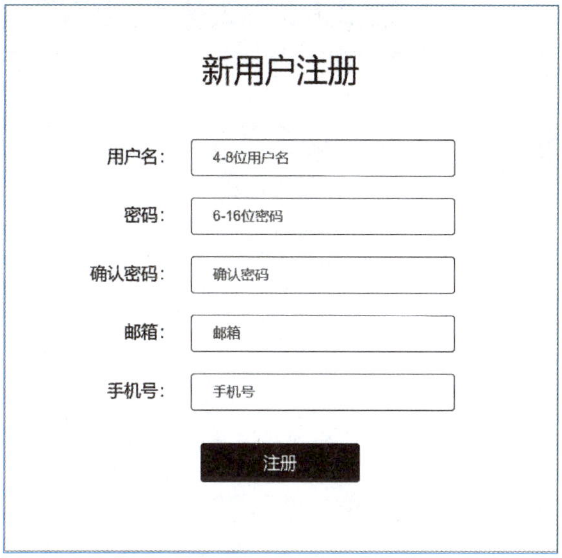

图 5.9　新用户注册表单效果

当用户填写的信息与验证的规则相匹配时，在输入框的后面会提示"√"，当用户输入有误时，会提示"×"，效果如图5.10所示。

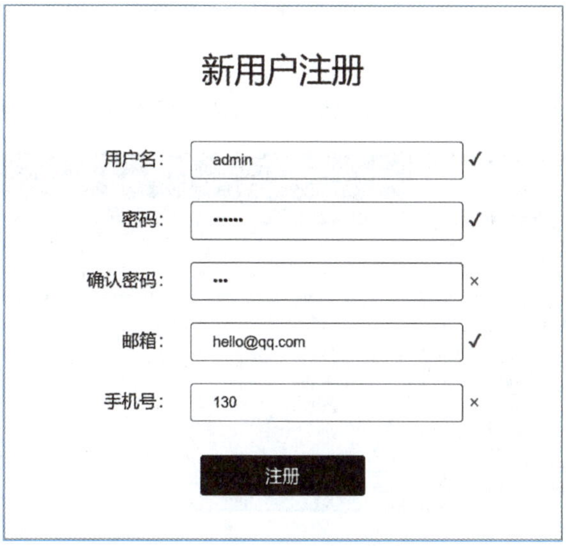

图 5.10　新用户注册表单验证

5.3　【案例 2】可视化拖动表单

可视化拖动表单

　案例介绍

本案例要实现一个可视化拖动表单工具，页面效果如图5.11所示。

图 5.11 可视化拖动表单

页面的左侧区域是可拖动的组件按钮，右侧为生成的表单界面。用户使用鼠标在可拖动组件按钮上按住鼠标左键并拖动，将组件按钮拖动到右侧表单生成区域，拖动效果如图5.12所示。

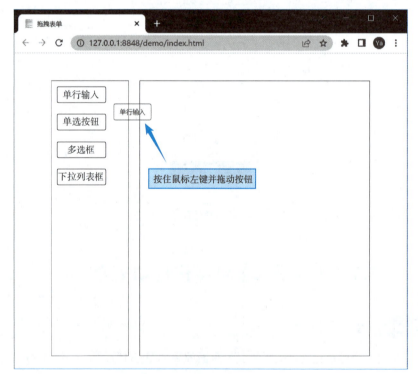

图 5.12 表单组件拖动示例

表单组件被拖动到右侧区域后松开鼠标左键，此时会在右侧区域创建对应的表单元素，效果如图5.13所示。

图 5.13 生成表单元素效果

5.3.2 案例准备

在利用计算机处理事务操作中，拖放是一种很常见的鼠标操作方式。HTML5提供了拖放属性，方便开发者在浏览器中实现元素拖放功能。HTML5实现拖放的属性包括：

- draggable="true"：设置该属性的元素可以被拖放。
- ondragstart="script"：该属性设置开始拖动时触发的js事件。
- ondragover="script"：该属性设置元素拖放至何处。
- ondrop="script"：拖动的元素被放置时触发的函数。

首先，为了使元素可拖动，把 draggable 属性设置为 true，示例代码如下所示。

```
<div draggable="true"></div>
```

在标签上定义ondragstart属性，该属性的值是一个函数，规定了被拖动的数据。示例代码如下所示。

```
<div ondragstart="drag(event)"></div>
<script>
    function drag(event) {
        event.dataTransfer.setData("Text",event.target.id);
```

```
    }
</script>
```

在上述示例代码中，dataTransfer.setData()方法用于设置被拖动数据的数据类型和值，setData()方法的第一个参数"Text"是一个 DOMString，表示要添加到 drag object 的拖动数据的类型。值是可拖动元素的 id。

默认处理方式，无法将数据/元素放置到其他元素中。如果需要设置允许放置，就需要调用 ondragover 事件的 event.preventDefault() 方法实现，示例代码如下所示。

```
<div ondragover="allowDrop(event)"></div>
<script>
    function allowDrop(event) {
        event.preventDefault()
    }
</script>
```

当放置被拖动数据时，会发生 drop 事件，ondrop 属性调用了一个函数，示例代码如下所示。

```
<div ondrop="drop(event)"></div>
<script>
    function allowDrop(event) {
        event.preventDefault();
        var data=event.dataTransfer.getData("Text");
        event.target.appendChild(document.getElementById(data));
    }
</script>
```

5.3.3 案例实现

在计算机的任意盘符创建 demo 文件夹，并在 demo 文件夹中创建 css 和 js 文件夹，分别用于存放 CSS 样式代码和 JavaScript 脚本代码文件，然后在 demo 文件夹下创建 index.html 网页文件，用于编写网页元素代码。案例的完整文件结构如图 5.14 所示。

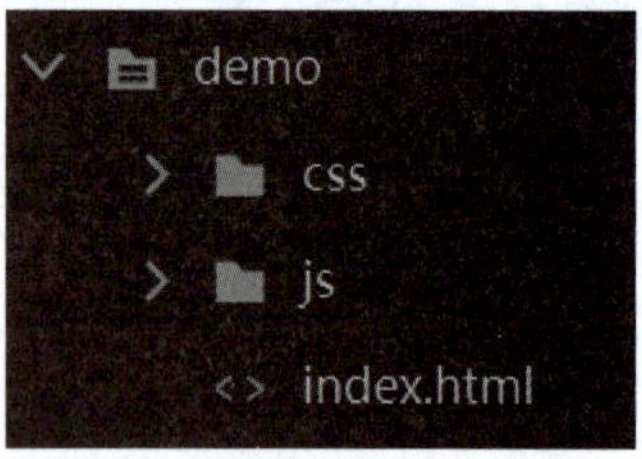

可视化拖动表单案例的示例代码如例 5.4 所示。

图 5.14　案例的完整文件结构

例 5.4　可视化拖动表单
demo/index.html

```
<!DOCTYPE html>
<html lang="zh">
<head>
    <meta charset="UTF-8">
    <title>拖动表单</title>
    <link rel="stylesheet" type="text/css" href="css/index.css"/>
</head>
```

```html
<body>
    <div class="drag-form">
        <div class="drag-form-left">
            <div class="drag-form-btn"
                draggable="true"
                ondragstart="drag(event,'text')"
            >
                单行输入
            </div>
            <div class="drag-form-btn"
                draggable="true"
                ondragstart="drag(event,'radio')"
            >
                单选按钮
            </div>
            <div class="drag-form-btn"
                draggable="true"
                ondragstart="drag(event,'checkbox')"
            >
                多选框
            </div>
            <div class="drag-form-btn"
                draggable="true"
                ondragstart="drag(event,'select')"
            >
                下拉列表框
            </div>
        </div>
        <div class="drag-form-right" ondragover="allowDrop(event)" ondrop="drop(event)">
        </div>
    </div>
    <script src="js/jquery.min.js"></script>
    <script src="js/index.js"></script>
</body>
</html>
```

demo/js/index.js

```
var text='<label>单行输入</label><input type="text" />'
var radio='<label>单选按钮</label><input type="radio" />选项一'+
    '<input type="radio" />选项二'
var checkbox='<label>多选框</label>'+
    '<input type="checkbox">选项一'+
    '<input type="checkbox">选项二'+
```

```
    '<input type="checkbox">选项三'
var select='<label>下拉列表框</label>'+
    '<select>'+
    '<option>请选择</option>'+
    '<option>选项一</option>'+
    '<option>选项二</option>'+
    '</select>'

function drag(ev, name) {
    ev.dataTransfer.setData("Text", name);
}

function allowDrop(ev) {
    ev.preventDefault();
}

function drop(ev) {
    ev.preventDefault();
    var data=ev.dataTransfer.getData("Text");
    switch (data) {
        case'text':
            $('.drag-form-right').append('<div class="form-item">'
            +text+'</div>')
            break;
        case'radio':
            $('.drag-form-right').append('<div class="form-item">'
            +radio+'</div>')
            break;
        case'checkbox':
            $('.drag-form-right').append('<div class="form-item">'
            +checkbox+'</div>')
            break;
        case'select':
            $('.drag-form-right').append('<div class="form-item">'
            +select+'</div>')
            break;
    }
}
```

demo/css/index.css

```
.drag-form {
    width: 600px;
    height: 500px;
    display: flex;
```

```css
        margin: 50px auto;
}

.drag-form-left {
    border: 1px solid #000000;
    height: 500px;
    flex: 1;
    margin-right: 20px;
}

.drag-form-right {
    border: 1px solid #000000;
    height: 500px;
    flex: 3;
}

.drag-form-btn {
    cursor: move;
    border: 1px solid #000000;
    display: inline-block;
    padding: 6px 10px;
    margin: 10px;
    font-size: 12px;
    border-radius: 3px;
}

.drag-form-right {
    display: flex;
    flex-direction: column;
}

.form-item {
    margin: 10px 0px 10px 20px;
    font-size: 12px;
}

label {
    margin-right: 20px;
}
```

5.3.4 案例拓展

结合例5.4的可拖动表单工具,对其界面进行优化(案例代码参考本书配套源码中的单元5/练习/demo2),优化后的效果如图5.15所示。

图 5.15 优化后的可拖动表单工具

为右侧表单生成区域添加一个"清空"按钮，当单击该按钮后，清空所有生成的表单项。单击"清空"按钮后的效果如图5.16所示。

图 5.16 清空生成的表单项

5.4 【案例3】仿问卷星

视　频
仿问卷星

5.4.1 案例介绍

问卷星是一款在线的问卷调查平台，提供强大的数据收集、存储和分析工具。本案例将模仿问卷星的在线问卷创作工具，效果如图5.17所示。

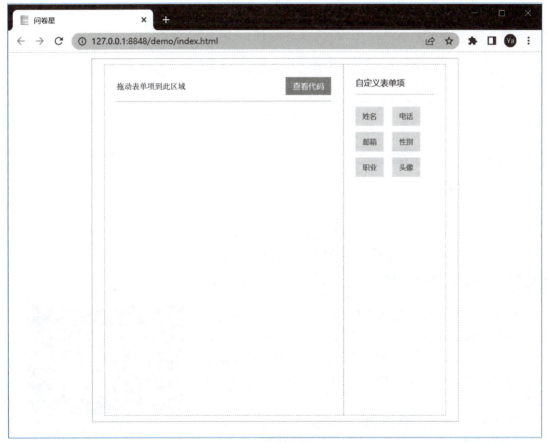

图 5.17　问卷生成工具

当用户拖动自定义表单项的按钮，放置在左侧的问卷表单区域后，即可创建表单项。问卷创建完成后，单击"查看代码"按钮，即可在控制台查看当前生成问卷的HTML代码，并将代码打印在浏览器控制台中，效果如图5.18所示。

在线问卷生成工具可以看作一个低代码开发工具，借助工具的自动生成代码功能，方便开发人员快速生成问卷表单的HTML代码，从而提高开发效率。

图 5.18 生成问卷表单代码功能

5.4.2 案例准备

问卷星作为一款专业的在线调查问卷工具平台，包含在线问卷调查、考试、测评、投票等功能。在"仿问卷星"案例中，不仅涉及单元5所讲解的部分技术，如HTML5实现拖动的属性、自定义表单、事件处理等在线问卷创作工具。还涉及用户可自由创作相应的表单域，如标签、文本框、单选按钮、文件上传等，实现创建在线问卷页面。

5.4.3 案例实现

在计算机的任意盘符创建demo文件夹，并在demo文件夹中创建css和js文件夹，分别用于存放CSS样式代码和JavaScript脚本代码文件，然后在demo文件夹下创建index.html网页文件，用于编写网页元素代码。案例的完整文件结构如图5.19所示。

图 5.19 案例的完整文件结构

仿问卷星案例的示例代码如例5.5所示。

例 5.5 仿问卷星

demo/index.html

```
<!DOCTYPE html>
<html lang="zh">
<head>
    <meta charset="UTF-8">
    <title>问卷星</title>
    <link rel="stylesheet" type="text/css" href="css/index.css"/>
```

```html
</head>
<body>
    <div class="wjx-layout">
        <div class="form-container">
            <div class="title">
                拖动表单项到此区域
                <button onclick="showCode()">查看代码</button>
            </div>
            <div class="custom-form"
                ondragover="allowDrop(event)"
                ondrop="drop(event)">
            </div>
        </div>
        <div class="form-labels">
            <div class="title">
                自定义表单项
            </div>
            <div class="form-label-btns">
                <span class="form-label-item"
                    draggable="true"
                    ondragstart="drag(event,'name')"
                    onclick="formLabelClick('name')"
                >
                    姓名
                </span>
                <span class="form-label-item"
                    draggable="true"
                    ondragstart="drag(event,'phone')"
                    onclick="formLabelClick('phone')"
                >
                    电话
                </span>
                <span class="form-label-item"
                    draggable="true"
                    ondragstart="drag(event,'email')"
                    onclick="formLabelClick('email')"
                >
                    邮箱
                </span>
                <span class="form-label-item"
                    draggable="true"
                    ondragstart="drag(event,'gender')"
                    onclick=" formLabelClick('gender')"
                >
```

```html
                    性别
                </span>
                <span class="form-label-item"
                    draggable="true"
                    ondragstart="drag(event,'job')"
                    onclick="formLabelClick('job')"
                >
                    职业
                </span>
                <span class="form-label-item"
                    draggable="true"
                    ondragstart="drag(event,'avatar')"
                    onclick="formLabelClick('avatar')"
                >
                    头像
                </span>
            </div>
        </div>
    </div>
    <script src="js/jquery.min.js"></script>
    <script src="js/index.js"></script>
</body>
</html>
```

demo/js/index.js

```javascript
var eles=[]
// 渲染页面元素
function randerElement() {
    var renderString=''
    eles.forEach(function(el, index) {
        renderString+='<div class="form-item">'
        if(el==='name') {
            renderString+='<label>姓名: </label>'+
                '<input type="text"placeholder="请输入姓名">'
        } else if(el==='phone') {
            renderString+='<label>电话: </label>'+
                '<input type="text" placeholder="请输入电话">'
        } else if(el==='email') {
            renderString+='<label>邮箱: </label>'+
                '<input type="text" placeholder="请输入邮箱">'
        } else if(el==='gender') {
            renderString+='<label>性别: </label>'+
                '<input type="radio" /> 男'+
```

```
                    '<input type="radio" /> 女'
            } else if(el==='job') {
                renderString+='<label>职业: </label>'+
                    '<input type="text" placeholder="请输入职业">'
            } else if(el==='avatar') {
                renderString+='<label>头像: </label>'+
                    '<input type="file" />'
            }
            renderString+='<span class="form-item-remove" data-index="'+index +
                '" onclick="removeClick(this)">×</span>' +
                '</div>'
        })
        $('.custom-form').html(renderString)
}

// 自定义表单项单击事件
function formLabelClick(name) {
    eles.push(name)
    randerElement()
}

// 删除元素
function removeClick(obj) {
    var index=$(obj).data('index')
    eles.splice(index, 1)
    randerElement()
}

// 自定义表单项拖动事件
function drag(ev, name) {
    ev.dataTransfer.setData("el", name)
}

function allowDrop(ev) {
    ev.preventDefault()
}

function drop(ev) {
    ev.preventDefault();
    var data=ev.dataTransfer.getData("el")
    eles.push(data)
    randerElement()
}
```

```
// 查看代码
function showCode() {
    var code=$('.custom-form').html()
    console.log(code)
}
```

demo/css/index.css

```css
.wjx-layout {
    width: 70%;
    min-height: 600px;
    border: 1px solid #CECECE;
    margin: 10px auto;
    display: flex;
    align-items: center;
    box-sizing: border-box;
    padding: 0px 20px;
}

.form-container,
.form-labels {
    height: 580px;
    border: 1px dashed #CECECE;
    box-sizing: border-box;
    padding: 10px 20px;
}

.form-container {
    width: 70%;
}

.form-labels {
    width: 30%;
}

.title {
    border-bottom: 1px solid #CCCCCC;
    font-size: 14px;
    padding: 10px 0px;
    display: flex;
    align-items: center;
    justify-content: space-between;
}
```

```css
.title button {
    border: 0px;
    background-color: #F8AC59;
    color: #FFFFFF;
    padding: 6px 12px;
    cursor: pointer;
}

.form-label-btns {
    padding: 20px 0px;
}

.form-label-item {
    background-color: #ECF1F4;
    color: #676A6C;
    padding: 8px 12px;
    cursor: move;
    font-size: 12px;
    margin: 0px 10px 10px 0px;
    display: inline-block;
}

.form-label-item:hover {
    background-color: #4CD3FF;
    color: #FFFFFF;
}

.custom-form {
    width: 100%;
    height: 90%;
    padding: 10px 0px;
}

.form-item {
    margin: 20px 0px;
    font-size: 12px;
}

.form-item label {
    display: inline-block;
    width: 100px;
    text-align: right;
    margin-right: 20px;
    color: #676A6C;
```

```css
        font-size: 12px;
    }

    .form-item input[type="text"] {
        width: 300px;
        height: 24px;
        border: 1px solid #BBBBBB;
        font-size: 12px;
    }

    .form-item input[type="file"] {
        font-size: 12px;
    }

    .form-item-remove {
        font-size: 16px;
        margin-left: 10px;
        cursor: pointer;
    }
```

5.4.4 案例拓展

结合例5.5的问卷星工具，丰富其表单项，并增加自定义表单项，美化生成后的问卷表单样式（案例代码参考本书配套源码中的单元5/练习/demo3），效果如图5.20所示。

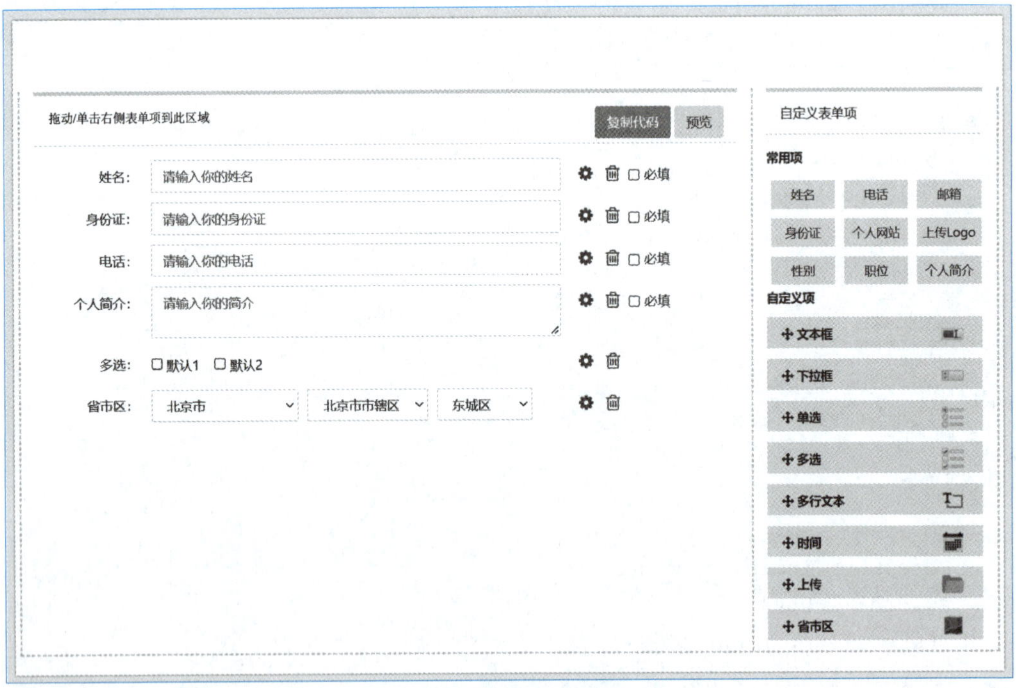

图5.20 优化后的问卷星工具

小　　结

本单元重点讲解网页中表单的应用，在实现表单功能开发中，要熟练掌握HTML的表单元素、表单事件，同时还要熟练掌握用于表单验证的正则表达式语法。在实现可视化拖动表单时，需要用到HTML5提供的拖动属性，拖动操作是网页开发中常用的特效，读者需要牢牢掌握这些技能，为后续的学习奠定基础。

习　　题

1. 实现文件上传功能时，需要在 form 表单上设置什么属性？
2. 结合正则表达式，实现对 URL 和邮箱的校验规则。
3. 简述表单事件中 oninput 和 onchange 的区别。

单元 6  动效布局

学习目标

- 掌握 BOM 和 DOM 对象的使用；
- 掌握骨架屏的实现方法；
- 掌握页面常见的布局效果。

本单元将介绍 Web 页面开发中常用的布局方式，并通过案例演示实际项目开发中的布局应用场景。CSS 布局技术是实现精美页面的核心技术，常见的布局技术包括 Flex 弹性布局、grid 网格布局、移动端适配布局、响应式布局等。本单元讲解的动态效果布局案例是从传统的 CSS 布局技术中延伸出来的，通过 JavaScript 的 BOM 和 DOM 对象提供的 API 实现动态特效，例如 Ajax 加载骨架屏、瀑布流布局、图片响应式加载、商品列表布局等。

BOM和DOM对象

6.1 BOM 与 DOM 对象

6.1.1 BOM对象

BOM（Browser Object Model，浏览器对象模型）对象提供的接口可帮助用户实现与浏览器窗口的交互。目前还没有任何一个公共组织为BOM制定标准，因为BOM对象属于浏览器提供的接口标准，所以开发者要根据用户所使用的浏览器不同而使用不同的BOM标准，这就导致开发者编写的代码不能兼容所有浏览器。但是，目前主流浏览器的BOM对象的内容大致上是一致的，开发者只需要关注部分不同的地方即可。

BOM提供了与浏览器窗口交互的能力，其包含了一些处理窗口的方法，例如打开新窗口、监听窗口改变、弹出警告框等。开发者可以使用window对象调用BOM提供的方法，window对象也是浏览器下的全局对象，使用window对象调用浏览器方法的示例代码如下所示。

```
// 打开新网址
window.location.href='http://www.1000phone.com';

// 监听窗口加载完毕
window.onload=function() {
};
```

```
// 打开新窗口
window.open('http://www.1000phone.com');

// 弹出警告框
window.alert('Hello World');
```

虽然目前BOM没有公开的统一标准，但是如下五个对象是所有浏览器都支持的。
（1）window对象：浏览器的全局对象，表示浏览器中打开的窗口，是BOM的操作入口。
（2）screen对象：包含有关客户端显示屏幕的信息，例如屏幕的高度、宽度、颜色分辨率等。
（3）history对象：包含用户在浏览器中访问过的URL记录。
（4）location对象：包含当前浏览器窗口中的URL信息。
（5）navigator对象：包含所有浏览器的信息，如浏览器的名称、版本、代码名等。
上述五个浏览器内置对象中提供了一系列的属性和方法，方便开发者操作浏览器窗口，从而实现复杂的用户交互特效。

6.1.2 DOM对象

DOM（Document Object Model，文档对象模型）对象是由W3C制定的用于操作HTML和XML的标准。DOM是HTML和XML文档的编程接口，其提供了对文档的结构化表述，并定义了一种方式可以使用程序对文档结构进行访问，从而改变文档的结构、样式和内容。

在Web前端开发中，只需要关注HTML DOM标准即可。DOM定义了对HTML元素的新增、删除、查询、修改的标准。实际上，HTML只是一个带有格式的文本，经过浏览器解析后，会变成一颗DOM树，除了根节点（Document）之外，树上的其他节点都是DOM节点。

DOM提供了一系列方法对HTML文档节点进行操作，并对文档中的每个元素节点又进行了细分：
（1）document对象：是HTML文档的根节点，使用该对象可以对HTML页面中的所有元素进行访问。
（2）element对象：HTML中的元素对象，是document对象所有子节点的集合，包括元素节点、文本节点、注释节点等。
（3）attributes对象：是HTML元素的属性对象。
（4）text对象：是HTML元素的文本对象。

HTML页面的DOM树结构如图6.1所示。

document对象提供了获取HTML元素的方法，常用的方法有：
- document.getElementById()：返回文档中拥有指定ID的元素。
- document.getElementsByName()：返回文档中带有指定名称的对象集合。
- document.getElementsByClassName()：返回文档中所有指定类名的元素集合。
- document.getElementsByTagName()：返回文档中带有指定标签名的对象集合。
- document.images()：返回文档中所有image对象的引用。
- document.links()：返回文档中所有Area和Link对象的引用。

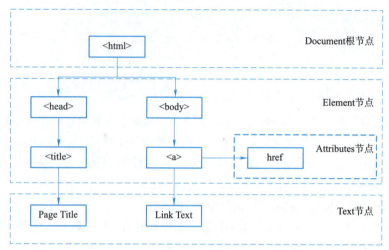

图 6.1　HTML 页面的 DOM 树结构

使用document对象方法获取HTML元素的示例代码如下所示。

```
<div>
    <a id="link" href="http://www.1000phone.com">跳转</a>
<div>
<script>
    var aEle=document.getElementById('link');
    aEle.innerText='前往千锋教育官网';
</script>
```

在上述示例代码中，通过修改dom节点的innerText属性，可以改变页面中展示的超链接的文本内容。

6.2　【案例 1】页面骨架屏布局

视　频

页面骨架屏布局

6.2.1　案例介绍

骨架屏是在页面数据尚未加载前预先给用户展示出页面的大致结构，直到请求数据返回后才渲染页面，再补充需要显示的数据内容。骨架屏效果常用于文字列表、动态列表页等相对比较规则的列表页面。页面中骨架屏的效果如图6.2所示。

在图6.2中，图片左侧部分为骨架屏效果，当页面中的数据还未加载完成时，为了给用户展示完整的页面结构，会使用占位的方式显示页面的大致结构。有了骨架屏，可以很大程度上提升用户的视觉体验效果，减少数据加载时带来的等待焦虑感。

如果页面的数据内容较多时，如文章列表、图片列表等，需要多行骨架屏展示，这时就要考虑如何对骨架屏进行布局。在传统的CSS布局中，一般会采用Flex弹性盒子布局或网格布局，无论使用何种布局效果，骨架屏的展示位置最好与真实数据的布局保持一致。例如，移动端的首页界面骨架屏，其布局结构基本上与真实数据的布局结构保持一致。移动端骨架屏效果如图6.3所示，加载完成后的效果如图6.4所示。

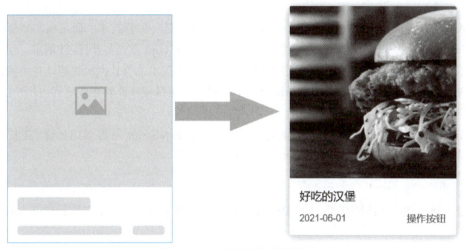

图 6.2　页面骨架屏加载效果

图 6.3　页面加载中的骨架屏效果

图 6.4　页面加载完成后的效果

本案例以移动端的骨架屏效果为例，学习Ajax加载等待状态的骨架屏布局。

6.2.2 案例准备

1. AJAX 异步请求

AJAX（Asynchronous Javascript And XML）本身并不是一种新技术，而是在2005年由Jesse James Garrett提出的一个新术语。简单来说，就是使用JavaScript发送异步HTTP请求，便可解决页面请求服务端数据时必须要刷新页面的弊端。使用AJAX技术能够让网页快速地将增量信息更新并呈现在用户界面上，而不需要重新刷新整个页面，这使得程序能够更快地回应用户的操作，增强用户体验感。

XMLHttpRequest 对象可以提供给前端开发人员使用 JavaScript 发起 HTTP 请求的能力。该对象会被简称为 XHR 对象。其使用代码如下所示。

```
var xhr=new XMLHttpRequest();
```

通过上述示例代码能够获得一个 XHR 对象的实例，接下来可以使用它发起请求。示例代码如下所示。

```
var xhr=new XMLHttpRequest();

// readyState 改变的监听事件函数
xhr.onreadystatechange=function() {
  // 判断当前请求的状态与请求的状态码
  if (xhr.readyState===4 && xhr.status===200) {
    // 输出服务端返回的内容
    console.log(xhr.responseText);
  }
}

// 设定 GET 请求，请求的路径是 /，并且请求是异步的
xhr.open('GET','/', true);
// 发送数据
xhr.send();
```

onreadystatechange 是一个事件处理器方法，每次 readyState 改变时会被触发。如果 readyState 为 4，即请求已经完成；当 readyState值为4，并且状态码为200时，表示请求结束并且服务端成功响应。

当HTTP请求响应成功后，首先通过 responseText 属性获取服务端响应的内容。然后通过 open()方法，设置请求的方法、路径等，在上述示例代码中设置了"/"路径，如果当前站点的域名是 http://www.1000phone.com，则请求地址就是 http://www.1000phone.com/，并获取当前网站首页的 HTML 代码。最后通过 send 方法发送请求，readyState 会在各个阶段发送改变，每当 readyState的值发生改变时，都会调用 onreadystatechange 事件处理器方法，直到HTTP请求成功。

2. Flex 弹性布局

Flex布局又称弹性布局，其特点是可以实现子元素的自适应屏幕大小，父元素可以自由地分配每个子元素需要占用的空间比例。在Flex弹性布局中，父元素称为容器，子元素称为项目。容

器默认存在两个轴,即水平主轴(mian axis)和垂直交叉轴(cross axis)。默认情况下,容器的左侧是主轴的开始点,右侧是主轴的结束点,容器顶部是交叉轴的开始点,底部是交叉轴的结束点。

在CSS代码中可以通过两种形式实现弹性盒模型容器的初始化,示例代码如下所示。

```
/* 块级弹性模块 */
div {
    display: flex;
}

/* 内联弹性模块 */
div {
    display: inline-flex;
}
```

Flex弹性布局中,容器包含的属性见表6.1。

表6.1 Flex 容器的属性

参 数 名	参 数 值	描 述
flex-direction	row | row-reverse | column | column-revers	定义主轴上项目的方向
flex-wrap	nowrap | wrap | wrap-reverse	定义项目如何换行
flex-flow	< flex-direction>|<flex-wrap >	flex-direction和flex-wrap的简写
justify-content	flex-start | flex-end | \center | space-between | space-around	定义主轴(水平)上项目的对齐方式
align-items	flex-start | flex-end | center | baseline | stretch	定义交叉(垂直)方向上项目的对齐方式
align-content	flex-start | flex-end | center | space-between | space-around | stretch	多轴(多行)下项目的(水平)对齐方式

项目包含的属性见表6.2。

表6.2 Flex 的项目属性

参数名	参数值/类型	描 述
flex	auto | initial | none | inherit	用于指定弹性子元素如何分配空间
flex-grow	number	定义弹性项目的放大比例,默认值为0,即如果容器存在剩余空间,项目也不放大
flex-shrink	number	定义弹性项目的缩小比例,默认值为1,即如果容器空间不足,该项目将缩小
flex-basis	auto | initial | none | inherit	定义弹性项目的初始长度
order	number	用整数值来定义排列顺序,数值小的排在前面,可以为负值
align-self	auto | flex-start | flex-end | center | baseline | stretch	用于设置弹性元素自身在侧轴(纵轴)方向上的对齐方式

在使用Flex弹性布局时,需要先把父元素设置为弹性布局,即"display: flex"。此时子元素的float、clear、vertical-align 属性都失去作用。子元素可以使用position脱离flex布局。

6.2.3 案例实现

在计算机的任意盘符创建demo文件夹,并在demo文件夹中创建css、js和image文件夹,分别用于存放CSS样式代码、JavaScript脚本代码和案例中需要使用的图片文件,然后在demo文件夹下创建index.html网页文件,用于编写网页元素代码。案例的完整文件结构如图6.5所示。

图 6.5 案例的完整文件结构

页面骨架屏的示例代码如例6.1所示。

例 6.1 页面骨架屏

demo/index.html

```html
<!DOCTYPE html>
<html lang="zh">
<head>
    <meta charset="UTF-8">
    <meta name="viewport" content="width=device-width,initial-scale=1,minimum-scale=1,maximum-scale=1,user-scalable=no"/>
    <title>骨架屏</title>
    <link rel="stylesheet" type="text/css" href="css/index.css"/>
    <link rel="stylesheet" type="text/css" href="css/laoding.css"/>
</head>
<body>
    <div class="body">
        <div class="banner"></div>
        <div class="grid">
            <div class="grid-item">
                <div class="grid-item-img"></div>
                <div class="grid-item-text"></div>
            </div>
            <div class="grid-item">
                <div class="grid-item-img"></div>
                <div class="grid-item-text"></div>
            </div>
            <div class="grid-item">
                <div class="grid-item-img"></div>
                <div class="grid-item-text"></div>
```

```html
            </div>
            <div class="grid-item">
                <div class="grid-item-img"></div>
                <div class="grid-item-text"></div>
            </div>
        </div>
        <div class="course-list">
            <div class="course-tips">
                <span class="course-tips-text"></span>
                <span class="course-more"></span>
            </div>
            <div class="course-item">
                <div class="course-item-mainpic"></div>
                <div class="course-item-title">
                    <div class="course-title-text"></div>
                    <div class="course-title-msg">
                        <div class="course-item-lab"></div>
                        <div class="course-learn-num"></div>
                    </div>
                </div>
            </div>
            <div class="course-item">
                <div class="course-item-mainpic"></div>
                <div class="course-item-title">
                    <div class="course-title-text"></div>
                    <div class="course-title-msg">
                        <div class="course-item-lab"></div>
                        <div class="course-learn-num"></div>
                    </div>
                </div>
            </div>
            <div class="course-item">
                <div class="course-item-mainpic"></div>
                <div class="course-item-title">
                    <div class="course-title-text"></div>
                    <div class="course-title-msg">
                        <div class="course-item-lab"></div>
                        <div class="course-learn-num"></div>
                    </div>
                </div>
            </div>
        </div>
    </div>
</div>
<script src="js/index.js"></script>
```

```
        </body>
</html>
```

demo/js/index.js

```javascript
// 渲染页面内容
function renderContent(data) {
    // 渲染banner图片
    var bannerImg=document.createElement('img')
    bannerImg.style.width='100%'
    bannerImg.style.height='100%'
    bannerImg.setAttribute('src', data.banner)
    var banners=document.getElementsByClassName('banner')[0]
    banners.appendChild(bannerImg)

    // 渲染宫格
    var grids=document.getElementsByClassName('grid-item')
    data.grid.forEach(function(item, index) {
        var iconImg=document.createElement('img')
        iconImg.setAttribute('src', item.icon)
        grids[index].firstElementChild.appendChild(iconImg)
        grids[index].lastElementChild.innerText=item.text
    })

    // 渲染课程标题
    var tips=document.getElementsByClassName('course-tips')[0]
    tips.firstElementChild.innerText='热销课程'
    tips.lastElementChild.innerText='更多>'

    // 渲染课程列表
    var course=document.getElementsByClassName('course-item')
    data.course.forEach(function(item, index) {
        var courseImg=document.createElement('img')
        courseImg.setAttribute('src', item.mainPic)

        var ci=course[index]
        ci.firstElementChild.appendChild(courseImg)
        ci.querySelector('.course-title-text').innerText=item.title
        ci.querySelector('.course-learn-num').innerText=item.learn+'人学习'
        var lab=ci.querySelector('.course-item-lab')
        item.labs.forEach(function(text) {
            var labDOM=document.createElement('span')
            labDOM.setAttribute('class','course-lab-item')
            labDOM.innerText=text
            lab.appendChild(labDOM)
```

```
            })
        })
    }

    // 发送AJAX异步请求
    var ajax=new XMLHttpRequest();
    ajax.open("GET","/", true);
    ajax.send({});
    ajax.onreadystatechange=function() {
        if(ajax.readyState==4 && ajax.status==200) {
            // 模拟获取服务器响应数据
            var respData={
                banner:'./image/banner.png',
                grid: [{
                    icon:'./image/icon-1.png',
                    text:'Web前端'
                },
                {
                    icon:'./image/icon-2.png',
                    text:'Java'
                },
                {
                    icon:'./image/icon-3.png',
                    text:'Python'
                },
                {
                    icon:'./image/icon-4.png',
                    text:'云计算'
                }
                ],
                course: [{
                    mainPic:'./image/c-1.png',
                    title:'Java基础语法',
                    labs: ['Web前端','全栈教程'],
                    learn: 19940
                },
                {
                    mainPic:'./image/c-2.png',
                    title:'分支结构语句',
                    labs: ['Web前端','全栈教程'],
                    learn: 10077
                },
                {
                    mainPic:'./image/c-3.png',
```

```
                    title:'函数',
                    labs: ['Web前端','全栈教程'],
                    learn: 8577
                }
            ]
        }
        setTimeout(function() {
            renderContent(respData)
        }, 5000)
    }
}
```

demo/css/index.css

```css
html,
body {
    margin: 0;
    padding: 0;
    width: 100%;
    height: 100%;
}

.banner {
    width: 100%;
    height: 130px;
    overflow: hidden;
    box-sizing: border-box;
    padding: 0px 20px;
    margin-top: 10px;
}

.banner-img {
    width: 100%;
    height: 100%;
}

.grid {
    width: 100%;
    height: 100px;
    display: flex;
    align-items: center;
    justify-content: space-around;
    font-size: 12px;
    border-bottom: 5px #E3E3E3 solid;
}
```

```css
.grid-item {
    display: flex;
    flex-direction: column;
    align-items: center;
    justify-content: center;
}

.grid-item-img {
    width: 50px;
    height: 50px;
    margin-bottom: 5px;
}

.grid-item-img img {
    width: 100%;
    height: 100%;
}

.course-tips {
    margin: 20px 0px;
    display: flex;
    align-items: center;
    justify-content: space-between;
    font-size: 12px;
    font-weight: 600;
}

.course-list {
    margin: 10px 0px;
    box-sizing: border-box;
    padding: 0px 20px;
}

.course-item {
    display: flex;
    height: 70px;
    margin: 15px 0px;
    font-size: 12px;
    border-bottom: 1px solid #E2E2E2;
    padding: 15px 0px;
}

.course-item-mainpic {
```

```css
    width: 110px;
    height: 100%;
    margin-right: 10px;
}

.course-item-mainpic img {
    width: 100%;
    height: 100%;
}

.course-title-text {
    font-size: 14px;
}

.course-item-title {
    display: flex;
    flex-direction: column;
    justify-content: space-between;
}

.course-title-msg {
    display: flex;
    align-items: center;
    justify-content: space-between;
    width: 210px;
}

.course-lab-item {
    background-color: #E5EEFF;
    color: #6499FB;
    padding: 3px 5px;
    margin-right: 5px;
}
```

demo/css/loading.css

```css
.banner:empty::after {
    content:'';
    display: block;
    width: 100%;
    height: 100%;
    background-color: #E3E3E3;
    border-radius: 5px;
}
```

```css
.grid-item-img:empty::after {
    content:'';
    display: block;
    width: 100%;
    height: 100%;
    background-color: #E3E3E3;
    border-radius: 5px;
}

.grid-item-text:empty::after,
.course-tips-text:empty::after,
.course-more:empty::after,
.course-item-lab:empty::after,
.course-learn-num:empty::after,
.course-title-text:empty::after {
    content:'';
    display: block;
    width: 50px;
    height: 10px;
    background-color: #E3E3E3;
    border-radius: 5px;
}

.course-title-text:empty::after {
    width: 120px;
    height: 20px;
}

.course-item-mainpic:empty::after {
    content:'';
    display: block;
    width: 110px;
    height: 100%;
    background-color: #E3E3E3;
    border-radius: 5px;
}
```

6.2.4 案例拓展

结合例6.1实现骨架屏闪烁动画效果（右倾斜的高亮线条从骨架屏左侧向右侧循环滑动），并优化例6.1的JavaScript代码，使用jQuery提供的DOM遍历方法渲染页面元素（案例代码参考本书配套源码中的单元6/练习/demo1）。骨架屏闪烁动画效果如图6.6所示。

图 6.6　骨架屏闪烁动画效果

瀑布流布局

6.3　【案例 2】瀑布流布局

6.3.1　案例介绍

瀑布流布局是比较流行的一种网站页面布局，视觉表现为参差不齐的多栏布局。瀑布流布局呈现多行等宽元素排列，等宽不等高，随着页面向下滚动，这种布局会不断加载数据并追加至页面末尾。

瀑布流布局经常被用于前端网页开发之中，具有降低页面布局复杂度、节省空间、简化用户操作等优点。PC 网站采用瀑布流的页面效果如图 6.7 所示。

图 6.7　PC 网站瀑布流布局效果

瀑布流布局在移动端也得到了广泛应用，结合下拉刷新和上拉加载等操作实现数据的懒加载，极大地提升了用户体验感。移动端采用瀑布流布局的界面效果如图6.8所示。

图 6.8　移动端瀑布流布局效果

6.3.2　案例准备

前端开发中，实现瀑布流布局有如下三种常用的方法。

1. 使用 columns 属性实现

columns 属性是一个简写属性，columns实现瀑布流主要依赖两个属性，分别是column-count属性和column-gap属性。

CSS3中可设置的columns属性及描述见表6.3。

表 6.3　columns 属性及描述

属性名称	描　　述
column-count	设置的列数
column-width	列的宽度
column-gap	每列之间的间距，单位为px
column-rule	规定列之间的宽度、样式和颜色

2. 使用 Flex 弹性布局实现

使用Flex弹性盒子实现瀑布流需要先将最外层元素设置为"display: flex",即横向排列。然后通过设置"flex-flow:column wrap"使其换行。设置"height: 100vh"填充屏幕的高度,来容纳子元素。每一列的宽度可用 calc 函数设置,即"width: calc(100%/3-20px)",再分成等宽的 3 列减掉左右两边的 margin 距离。

3. 使用 JavaScript 实现

使用JavaScript代码实现瀑布流布局的特点是等宽不等高,为了让最后一行的差距最小,从第二行开始,需要将图片放在第一行最矮的图片下方,依此类推。父元素设置为相对定位,图片所在元素设置为绝对定位。然后通过设置 top 值和 left 值定位每个元素。

使用JavaScript代码实现瀑布流虽然相比于其他两种方法来说更复杂,但却是我们推荐的一种方法,本案例也将使用JavaScript代码实现页面瀑布流布局。

 6.3.3 案例实现

在计算机的任意盘符创建demo文件夹,并在demo文件夹中创建css、js和image文件夹,分别用于存放CSS样式代码、JavaScript脚本代码和案例中需要使用的图片文件,然后在demo文件夹下创建index.html网页文件,用于编写网页元素代码。案例的完整文件结构如图6.9所示。

图 6.9 案例的完整文件结构

瀑布流布局的示例代码如例6.2所示。

 例 6.2 瀑布流布局

demo/index.html

```
<!DOCTYPE html>
<html lang="zh">
<head>
    <meta charset="UTF-8">
    <title>瀑布流布局</title>
    <link rel="stylesheet" href="./css/index.css">
</head>
<body>
    <div class="box">
        <div class="item">
            <img src="./image/01.png" alt="">
```

```html
        </div>
        <div class="item">
            <img src="./image/02.png" alt="">
        </div>
        <div class="item">
            <img src="./image/03.png" alt="">
        </div>
        <div class="item">
            <img src="./image/04.png" alt="">
        </div>
        <div class="item">
            <img src="./image/01.png" alt="">
        </div>
        <div class="item">
            <img src="./image/02.png" alt="">
        </div>
        <div class="item">
            <img src="./image/03.png" alt="">
        </div>
        <div class="item">
            <img src="./image/04.png" alt="">
        </div>
    </div>
    <script src="js/jquery.min.js"></script>
    <script src="js/index.js"></script>
</body>
</html>
```

demo/js/index.js

```javascript
function waterFall() {
    // 1. 确定图片的宽度-滚动条宽度
    var pageWidth=getClient().width-8;
    var columns=3;                                  //3列
    var itemWidth=parseInt(pageWidth/columns);      //得到item的宽度
    $(".item").width(itemWidth);                    //设置到item的宽度
    var arr=[];
    $(".box .item").each(function(i) {
        var height=$(this).find("img").height();
        if (i<columns) {
            // 2. 第一行按序布局
            $(this).css({
                top: 0,
                left: (itemWidth)*i+20*i,
            });
```

```
                //将行高push到数组
                arr.push(height);
            } else {
                // 其他行
                // 3. 找到数组中最小高度和它的索引
                var minHeight=arr[0];
                var index=0;
                for (var j=0; j<arr.length; j++) {
                    if (minHeight>arr[j]) {
                        minHeight=arr[j];
                        index=j;
                    }
                }
                // 4. 设置下一行的第一个盒子位置
                // top值就是最小列的高度
                $(this).css({
                    top: arr[index]+30,              //设置30的距离
                    left: $(".box .item").eq(index).css("left")
                });

                // 5. 修改最小列的高度
                // 最小列的高度=当前自己的高度+拼接过来的高度
                arr[index]=arr[index]+height+30;     //设置30的距离
            }
        });
    }
//clientWidth 处理兼容性
function getClient() {
    return {
        width: window.innerWidth||document.documentElement.clientWidth||document.body.clientWidth,height: window.innerHeight||document.documentElement.clientHeight||document.body.clientHeight
    }
}
// 页面尺寸改变时实时触发
window.onresize=function () {
    //重新定义瀑布流
    waterFall();
};
//初始化
window.onload=function () {
    //实现瀑布流
    waterFall();
}
```

demo/css/index.css

```
.box {
    width: 100%;
    position: relative;
}
.item {
    position: absolute;
}
.item img {
    width: 100%;
    height: 100%;
}
```

例6.2的代码在浏览器中运行后的效果如图6.10所示。

图 6.10　瀑布流布局的页面效果

6.3.4　案例拓展

结合例6.2优化瀑布流布局的代码,页面初始化多张图片,当页面滚动条滚动到底部时,自动在页面末尾再次追加多张图片,以此往复,实现无限加载图片的瀑布流布局(案例代码参考本书配套源码中的单元6/练习/demo2)。

视 频

图片响应式布局

6.4 【案例3】图片响应式布局

6.4.1 案例介绍

本案例将设计一个响应式布局的图片列表,当浏览器的窗口尺寸大于或等于992 px时,图片列表显示一行四列,效果如图6.11所示。

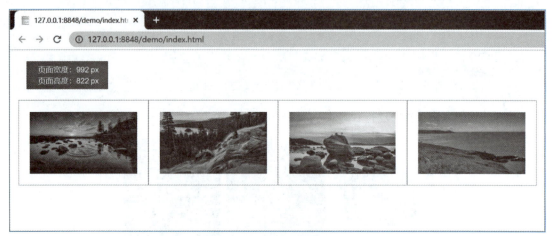

图 6.11 一行四列排版效果

手动拖动浏览器窗口的边框,当窗口尺寸为大于或等于768 px,小于992 px时,图片排版样式为两行两列,效果如图6.12所示。

图 6.12 二行二列排版效果

当浏览器窗口尺寸被拖动至小于768 px时，图片排版样式为四行一列，效果如图6.13所示。

图6.13　四行一列排版效果

6.4.2　案例准备

在网页开发中，通常会结合三种方法实现页面的响应式布局，分别是@media媒体查询、栅格系统和window.onresize事件。@media媒体查询在单元4的4.3节中已经有过介绍了，本节主要介绍栅格系统和window.onresize事件。

1. 栅格系统

栅格系统（Grid system）是一种网页设计方法与风格，以规则的网格陈列规范网页中的版面布局以及信息分布。栅格系统通过一系列行（row）与列（column）的组合创建页面布局，页面被等宽的列分为不同的等份，如页面被分为12列、16列、24列等。开发者可以将需要展示的内容放入创建好的布局中，也可以自由地设计栅格宽度以及每个栅格之间的间距，栅格效果如图6.14所示。

在图6.14中，页面区域宽度为W，一个栅格单元的宽度为A，每个栅格内容区域的宽度为a，栅格之间的间距为i。在栅格系统中，设计师根据需要指定不同的版式或者划分区块改变A和i的值进行设计。

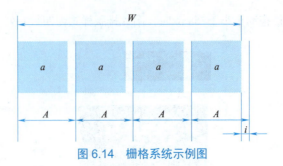

图 6.14 栅格系统示例图

很多前端UI框架都提供了栅格系统的能力,以Bootstrap为例,其栅格系统类型及应用场景见表6.4。

表 6.4 Bootstrap 栅格系统类型及应用场景

类 前 缀	应用场景
.col-xs-	超小屏幕类(<768 px),类似手机等设备
.col-sm-	小屏幕设备类(≥768 px且<992 px),类似平板设备
.col-md-	中型设备类(≥992 px且<1 200 px),类似于桌面显示器
.col-lg-	大型设备类(≥1 200 px),类似于大屏桌面显示器

Bootstrap的栅格系统示例代码如下所示。

```
<div class="row">
  <div class="col-md-8">.col-md-8</div>
  <div class="col-md-4">.col-md-4</div>
</div>
<div class="row">
  <div class="col-md-4">.col-md-4</div>
  <div class="col-md-4">.col-md-4</div>
  <div class="col-md-4">.col-md-4</div>
</div>
<div class="row">
  <div class="col-md-6">.col-md-6</div>
  <div class="col-md-6">.col-md-6</div>
</div>
```

上述示例代码在浏览器中运行的效果如图6.15所示。

.col-md-8		.col-md-4
.col-md-4	.col-md-4	.col-md-4
.col-md-6		.col-md-6

图 6.15 Bootstrap 栅格系统示例效果

2. window.onresize 事件

onresize 事件会在窗口和框架的尺寸发生改变时触发，其示例代码如下所示。

```
// JavaScript代码
window.onresize(function(){
    //code
});

// jQuery代码
$(window).resize(function(){
    //code
});
```

用户可以根据客户端窗口的尺寸变化，使用JavaScript代码动态修改元素的样式，从而实现页面的响应式布局。由于JavaScript代码频繁地操作DOM元素会影响性能，所以不推荐使用onresize事件实现响应式布局。

6.4.3 案例实现

在计算机的任意盘符创建demo文件夹，并在demo文件夹中创建css、js和image文件夹，分别用于存放CSS样式代码、JavaScript脚本代码和案例中需要使用的图片文件。在demo文件夹下还有一个名为bootstrap-3.4.1的文件夹，该文件夹用于存放Bootstrap框架的生产环境源码。然后在demo文件夹下创建index.html网页文件，用于编写网页元素代码。案例的完整文件结构如图6.16所示。

图片响应式布局案例的示例代码如例6.3所示。

例 6.3　图片响应式布局

demo/index.html

图 6.16　案例的完整文件结构

```
<!DOCTYPE html>
<html lang="zh">
<head>
    <meta charset="UTF-8">
    <title>图片响应式布局</title>
    <link rel="stylesheet" type="text/css" href="bootstrap-3.4.1/css/bootstrap.min.css"/>
    <link rel="stylesheet" type="text/css" href="./css/index.css"/>
</head>
<body>
    <div class="layout">
        <div class="size-tips">
            <div class="size-text">
                页面宽度: <span id="width-num">0</span>px
            </div>
```

```html
                <div class="size-text">
                    页面高度: <span id="height-num">0</span>px
                </div>
            </div>
            <div class="row">
              <div class="col-xs-12 col-sm-6 col-md-3 img-container">
                  <img src="image/01.jpg" >
              </div>
              <div class="col-xs-12 col-sm-6 col-md-3 img-container">
                   <img src="image/02.jpg" >
              </div>
              <div class="col-xs-12 col-sm-6 col-md-3 img-container">
                  <img src="image/03.jpg" >
              </div>
              <div class="col-xs-12 col-sm-6 col-md-3 img-container">
                   <img src="image/04.jpg">
              </div>
            </div>
        </div>
        <script src="./js/jquery.min.js"></script>
        <script src="./js/index.js"></script>
</body>
</html>
```

demo/js/index.js

```javascript
$(function() {
    $(window).resize(function(e) {
        $('#width-num').text(e.target.innerWidth)
        $('#height-num').text(e.target.innerHeight)
    });
})
```

demo/css/index.css

```css
.layout {
    box-sizing: border-box;
    padding: 20px 30px;
}

.size-tips {
    background-color: #37f;
    color: #fff;
    width: 150px;
    height: 50px;
    display: flex;
```

```
        flex-direction: column;
        justify-content: center;
        align-items: center;
        margin-bottom: 20px;
}

.img-container {
        border: 1px solid #B1B1B0;
        display: flex;
        align-items: center;
        justify-content: center;
        box-sizing: border-box;
        padding: 20px;
}

.img-container img {
        width: 100%;
}
```

6.4.4 案例拓展

结合例6.3的图片响应式布局案例，实现图文列表的响应式布局。当浏览器窗口尺寸大于或等于768 px时，栅格中的图文呈垂直排列，效果如图6.17和图6.18所示。（案例代码参考本书配套源码中的单元6/练习/demo3）。

图 6.17　窗口尺寸 ≥ 768 px 且 < 992 px 的排版效果

图 6.18 窗口尺寸 ≥ 992 px 的排版效果

当浏览器窗口尺寸小于768 px时，栅格中的图文呈水平排列，效果如图6.19所示。

图 6.19 窗口尺寸 < 768 px 时的排版效果

商品列表布局

6.5 【案例4】商品列表布局

6.5.1 案例介绍

商品列表是用户挑选商品，决定是否购买的关键页面，合理的布局方案不仅能提升用户的视觉体验感，同时还能提高用户的操作体验感，从而促进用户下单。下面以淘宝为例，先来看一下淘宝App的商品列表布局，效果如图6.20所示。

淘宝App的商品列表采用的是瀑布流布局，其中图片的宽度固定，高度随图片的尺寸变化而变化。瀑布流布局的结构效果如图6.21所示。

目前很多电商平台都采用瀑布流商品列表的布局形式，如淘宝、小红书等。这些电商平台都是以商品图片展示为主，由于上传图片的尺寸不统一，产品数量较多。相比于其他布局效果，瀑布流布局采用不规则的Z字布局，提升了界面的趣味性，同时可以避免用户的视觉疲劳。

图 6.20　淘宝 App 商品列表

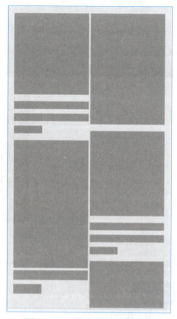

图 6.21　瀑布流布局效果

瀑布流布局不仅可以应用在移动端，还可以应用在PC端，而且PC端的商品列表采用瀑布流布局，会使整个页面看起来更加饱满。本案例采用瀑布流形式实现PC端的商品列表布局，页面效果如图6.22所示。

图 6.22　PC 端商品列表瀑布流布局

6.5.2 案例实现

在计算机的任意盘符创建demo文件夹,并在demo文件夹中创建css、js和image文件夹,分别用于存放CSS样式代码、JavaScript脚本代码和案例中需要使用的图片文件,然后在demo文件夹下创建index.html网页文件,用于编写网页元素代码。案例的完整文件结构如图6.23所示。

图 6.23　案例的完整文件结构

商品列表瀑布流布局的示例代码如例6.4所示。

例 6.4　商品列表瀑布流布局

demo/index.html

```html
<!doctype html>
<html lang="zh">
<head>
    <meta charset="UTF-8">
    <title>瀑布流商品列表</title>
    <link rel="stylesheet" type="text/css" href="css/index.css"/>
</head>
<body>
    <div class="jq-container">
        <div class="jq-content bgcolor-3">
            <div id="div1">
                <div class="box">
                    <img src="img/g01.jpg" alt="">
                    <div class="title">
                        衬衫女夏季法式小众宽松上衣
                    </div>
                    <div class="goods-msg">
                        <div class="price">￥43.89</div>
                        <div class="sale-num">
                            已售9427件
                        </div>
                    </div>
                </div>
                <div class="box">
                    <img src="img/g02.jpg" alt="">
```

```html
        <div class="title">
            晴子晴开衫短裤半身裙套装女
        </div>
        <div class="goods-msg">
            <div class="price">￥225</div>
            <div class="sale-num">
                已售1155件
            </div>
        </div>
    </div>
    <div class="box">
        <img src="img/g03.jpg" alt="">
        <div class="title">
            泡泡袖翻领连衣裙
        </div>
        <div class="goods-msg">
            <div class="price">￥64.90</div>
            <div class="sale-num">
                已售2299件
            </div>
        </div>
    </div>
    <div class="box">
        <img src="img/g04.jpg" alt="">
        <div class="title">
            时尚显高百搭喇叭裤子
        </div>
        <div class="goods-msg">
            <div class="price">￥72.49</div>
            <div class="sale-num">
                已售702件
            </div>
        </div>
    </div>
    <div class="box">
        <img src="img/g05.jpg" alt="">
        <div class="title">
            卡其色休闲背带裤
        </div>
        <div class="goods-msg">
            <div class="price">￥62.59</div>
            <div class="sale-num">
                已售527件
            </div>
```

```html
            </div>
        </div>
        <div class="box">
            <img src="img/g06.jpg" alt="">
            <div class="title">
                设计感小众网红短袖t恤
            </div>
            <div class="goods-msg">
                <div class="price">￥32.89</div>
                <div class="sale-num">
                    已售2044件
                </div>
            </div>
        </div>
        <div class="box">
            <img src="img/g07.jpg" alt="">
            <div class="title">
                v领碎花a字裙中长款
            </div>
            <div class="goods-msg">
                <div class="price">￥124.95</div>
                <div class="sale-num">
                    已售449件
                </div>
            </div>
        </div>
        <div class="box">
            <img src="img/g08.jpg" alt="">
            <div class="title">
                法式蕾丝衫花边防晒罩衫
            </div>
            <div class="goods-msg">
                <div class="price">￥43.89</div>
                <div class="sale-num">
                    已售866件
                </div>
            </div>
        </div>
    </div>
  </div>
</div>
<script src="js/jquery.min.js"></script>
<script src="js/jquery.waterfall.min.js"></script>
<script src="js/index.js"></script>
```

```
</body>
</html>
```

demo/js/index.js

```
$(function() {
    var boxHtml=$("#div1").html()
    console.log(boxHtml);
    for(var i=0; i<2; i++) {
        boxHtml+=boxHtml
    }
    $("#div1").html(boxHtml)
    $("#div1").waterfall({
        itemClass:".box",
        minColCount: 2,
        spacingHeight: 10,
        resizeable: true,
        ajaxCallback: function(success, end) {
            var data={
                "data": [{
                    "src":"g03.jpg"
                }, {
                    "src":"g04.jpg"
                }, {
                    "src":"g02.jpg"
                }, {
                    "src":"g05.jpg"
                }, {
                    "src":"g01.jpg"
                }, {
                    "src":"g06.jpg"
                }, {
                    "src":"g07.jpg"
                }, {
                    "src":"g08.jpg"
                }]
            };
            var str="";
            var templ='<div class="box">
                        <img src="img/{{src}}" alt="">
                        <div class="title">
                            标题
                        </div>
                        <div class="goods-msg">
                            <div class="price"> ￥300</div>
```

```
                            <div class="sale-num">
                                已售500件
                            </div>
                        </div>
                    </div>'
                for(var i=0; i<data.data.length; i++) {
                    str+=templ.replace("{{src}}", data.data[i].src);
                }
                $(str).appendTo($("#div1"));
                success();
                end();
            }
        });
    })
```

demo/css/index.css

```
* {
    margin: 0;
}

.jq-container {
    margin-top: 50px;
}

#div1 {
    margin: auto;
    position: relative;
}

.box {
    float: left;
    padding: 10px;
    border: 1px solid #ccc;
    background: #f7f7f7;
    box-shadow: 0 0 8px #ccc;
}

.box:hover {
    box-shadow: 0 0 10px #999;
}

.box img {
    width: 240px;
}
```

```css
.box .title {
    font-size: 14px;
    margin: 10px 0px;
}

.goods-msg {
    display: flex;
    align-items: center;
    justify-content: space-between;
    font-size: 14px;
    margin: 10px 0px;
    color: #666666;
}

.goods-msg .price {
    color: #E8393C;
    font-size: 16px;
    font-weight: 600;
}
```

6.5.3 案例拓展

结合本单元所学的栅格系统，实现商品列表的响应式布局，当浏览器窗口尺寸大于或等于768 px时，商品列表呈现三列网格布局，效果如图6.24所示。

图6.24 三列网格布局效果

当浏览器窗口尺寸小于768 px时，商品列表呈现一列图文布局，效果如图6.25所示。（案例代码参考本书配套源码中的单元6/练习/demo4）。

图 6.25　一列图文布局效果

小　　结

本单元主要讲解常用网页布局动态效果的实现，例如AJAX异步加载等待时的骨架屏布局效果，呈Z字形的瀑布流布局效果，以及随着窗口尺寸不断变化的响应式布局效果。实现这些效果离不开对浏览器窗口以及页面document对象的控制，只要熟练掌握BOM对象和DOM对象提供的API方法，就能设计出复杂的页面布局。

习　　题

1. 栅格系统会把页面宽度划分成多少个等份？
2. Bootstrap 实现栅格系统的类前缀有哪些？分别表示什么意思？
3. 在 Flex 弹性布局中，如何设置项目为垂直、水平居中？

单元 7 实战：在线音乐播放器

视 频

在线音乐播放器

学习目标

- 掌握 Layui 前端 UI 框架的用法；
- 掌握 PC 端常见的布局方法；
- 掌握 HTML5 audio 对象的用法。

在线播放器项目是一款仿酷狗音乐的 Web 版音乐播放器，基于 Layui 前端 UI 框架提供的元素与模块实现页面的布局和部分功能。Layui 是一套开源的 Web UI 解决方案，采用自身经典的模块化规范，并遵循原生 HTML、CSS、JavaScript 的开发方式。Layui 提供了 30 多种元素和模块，如弹出层、导航、轮播图、滑块、进度条等，其丰富的元素和模块为前端开发者快速实现 PC 端 Web 页面提供了便利。

7.1 在线播放器页面布局

7.1.1 页面布局

在线音乐播放器共有两个页面，分别是首页和音乐播放页。首页呈上中下布局，顶部是导航栏，中间是推荐音乐轮播图，下方区域是推荐音乐列表，其布局效果如图7.1所示。

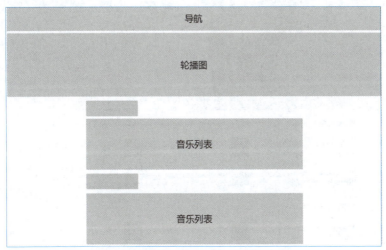

图 7.1　首页布局效果图

音乐播放页与首页的布局类似，分为上中下三个区域的布局效果，其顶部为导航栏，中间区域为音乐配图和歌词展示，底部区域为播放器工具栏。该页面的布局效果有别于首页，其顶部导航和底部工具栏为固定定位，中间音乐信息区域为响应式布局。音乐播放页的布局效果如图7.2所示。

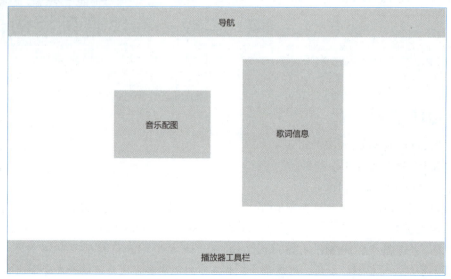

图 7.2　音乐播放页布局效果图

7.1.2　页面展示

在线音乐播放器首页的效果如图7.3所示。

图 7.3　在线音乐播放器首页

音乐播放页的效果如图7.4所示。

图 7.4　音乐播放页面

7.2　导航与轮播图

7.2.1　技术准备

1. Layui 导航

导航一般指页面引导性频道集合，多以菜单的形式呈现，可应用于头部和侧边，是整个网页画龙点睛般的存在。面包屑导航是在用户界面中的一种导航辅助，它能让用户知道在网站或应用中所处的位置并能方便地回到原先的地点。面包屑具有小巧、方便、常见且简单的特点，支持自定义分隔符。Layui框架提供了水平导航和垂直导航两种展示效果，在使用Layui导航元素之前，需要先导入layui.css和layui.js文件，示例代码如下所示。

```
<!-- 引入 layui.css -->
<head>
    <link rel="stylesheet" type="text/css" href="layui/css/layui.css"/>
</head>
<!-- 引入 layui.js -->
<body>
    <script src="layui/layui.js"></script>
</body>
```

使用不同的Layui元素需要加载不同的模块，在使用导航元素前要加载element模块。实现

Layui导航效果的示例代码如下所示。

```html
<ul class="layui-nav" lay-filter="">
  <li class="layui-nav-item"><a href="">最新活动</a></li>
  <li class="layui-nav-item layui-this"><a href="">产品</a></li>
  <li class="layui-nav-item"><a href="">大数据</a></li>
  <li class="layui-nav-item">
    <a href="javascript:;">解决方案</a>
    <dl class="layui-nav-child"> <!-- 二级菜单 -->
      <dd><a href="">移动模块</a></dd>
      <dd><a href="">后台模版</a></dd>
      <dd><a href="">电商平台</a></dd>
    </dl>
  </li>
  <li class="layui-nav-item"><a href="">社区</a></li>
</ul>

<script>
// 导航依赖 element 模块，否则无法进行功能性操作
layui.use('element', function(){
  var element=layui.element;
  //…
});
</script>
```

上述示例代码的导航效果默认为藏青色，效果如图7.5所示。

图7.5　Layui 默认导航效果

Layui提供了设置CSS背景颜色的类，可以为导航快速配置预设颜色的主题。水平导航支持的背景主题包括：

- .layui-bg-cyan：藏青色。
- .layui-bg-molv：墨绿色。
- .layui-bg-blue：艳蓝色。

上述背景主题的效果如图7.6所示。

图7.6　Layui 导航主题效果

Layui的垂直导航目前仅支持藏青色（layui-bg-cyan）设置。

2. Layui 轮播

Layui 2.0版本中提供了carousel模块来实现页面中的轮播图效果，可以满足任何类型内容的轮播式切换操作。在使用carousel模块之前，需要先加载该模块。Layui轮播实现的示例代码如下所示。

```html
<div class="layui-carousel" id="test1">
  <div carousel-item>
    <div>条目1</div>
    <div>条目2</div>
    <div>条目3</div>
    <div>条目4</div>
    <div>条目5</div>
  </div>
</div>

<script src="/static/build/layui.js"></script>
<script>
layui.use('carousel', function(){
  var carousel=layui.carousel;
  // 创建实例
  carousel.render({
    elem:'#test1'
    ,width:'100%'            //设置容器宽度
    ,arrow:'always'          //始终显示箭头
  });
});
</script>
```

上述示例代码在浏览器中运行的效果如图7.7所示。

图 7.7　Layui 轮播效果

实现Layui轮播效果时，可以通过carousel.render(options)方法对轮播设置基础参数，也可以通过carousel.set(options)方法设定全局基础参数。carousel基础参数选项见表7.1。

表 7.1　carousel 基础参数选项

可 选 项	说　　明	类　　型	默 认 值
elem	指向容器选择器或 DOM 对象	string/object	无
width	设定轮播容器宽度，支持像素和百分比	string	600 px
height	设定轮播容器高度，支持像素和百分比	string	280 px
full	是否全屏轮播	boolean	false
anim	轮播切换动画方式，可选值为： default（左右切换） updown（上下切换） fade（渐隐渐显切换）	string	'default'
autoplay	是否自动切换	boolean	true
interval	自动切换的时间间隔，单位为 ms（毫秒），不能低于 800	number	3000
index	初始开始的条目索引	number	0
arrow	切换箭头默认显示状态，可选值为： hover（悬停显示） always（始终显示） none（始终不显示）	string	'hover'
indicator	指示器位置，可选值为： inside（容器内部） outside（容器外部） none（不显示）	string	'inside'
trigger	指示器的触发事件	string	'click'

Layui 轮播模块用法比较简单，其核心在于基础参数选项的设置。

7.2.2　代码实现

在线音乐播放器首页导航栏的实现代码如例 7.1 所示。

例 7.1　首页导航栏

demo/index.html

```
<!DOCTYPE html>
<html>
<head>
    <meta charset="utf-8">
    <title>在线音乐播放器</title>
    <link rel="stylesheet" type="text/css" href="layui/css/layui.css"/>
    <style type="text/css">
        /* 顶部导航 */
        .layui-nav {
            text-align: center;
        }
        .music-logo {
            margin-right: 100px;
        }
```

```
            .music-logo img {
                width: 100px;
            }
        </style>
    </head>
    <body>
        <div class="music-layout">
            <!-- 顶部导航 -->
            <ul class="layui-nav layui-bg-blue" lay-filter="">
                <li class="layui-nav-item music-logo">
                    <img src="https://www.kugou.com/common/images/kugou_white.png" >
                </li>
                <li class="layui-nav-item layui-this"><a href="javascript:;">首页</a></li>
                <li class="layui-nav-item"><a href="javascript:;">歌单</a></li>
                <li class="layui-nav-item"><a href="javascript:;">歌手</a></li>
                <li class="layui-nav-item"><a href="javascript:;">电台</a></li>
                <li class="layui-nav-item"><a href="javascript:;">专辑</a></li>
                <li class="layui-nav-item"><a href="javascript:;">MV</a></li>
                <li class="layui-nav-item"><a href="javascript:;">排行榜</a></li>
            </ul>
        </div>
        <script src="js/jquery.min.js"></script>
        <script src="layui/layui.js"></script>
        <script type="text/javascript">
            layui.use(['element','carousel'], function(){
              var element=layui.element;
            });

            $('.music-item').on('click', function() {
                window.open('play.html');
            })
        </script>
    </body>
</html>
```

在线音乐播放器首页轮播的实现代码如例7.2所示。

例 7.2　首页轮播

demo/index.html

```
<!DOCTYPE html>
<html>
<head>
```

```html
        <meta charset="utf-8">
        <title>在线音乐播放器</title>
        <link rel="stylesheet" type="text/css" href="layui/css/layui.css"/>
        <style type="text/css">
            /* 轮播 */
            .banner-img {
                width: 100%;
                height: 100%;
            }
        </style>
    </head>
    <body>
        <div class="music-layout">
            <!-- 轮播 -->
            <div class="layui-carousel" id="swiper-banner">
              <div carousel-item>
                <div>
                    <img src="image/banner01.jpg" class="banner-img" >
                </div>
                <div>
                    <img src="image/banner02.jpg" class="banner-img" >
                </div>
                <div>
                    <img src="image/banner03.jpg" class="banner-img" >
                </div>
              </div>
            </div>
        </div>
        <script src="js/jquery.min.js"></script>
        <script src="layui/layui.js"></script>
        <script type="text/javascript">
            layui.use('carousel', function(){
              var carousel=layui.carousel;
              //构造轮播实例
                carousel.render({
                  elem:'#swiper-banner',
                  width:'100%',          // 设置容器宽度
                  height:'380px',        // 设置容器高度
                  arrow:'always'         // 始终显示箭头
                });
            });
        </script>
    </body>
</html>
```

7.3 推荐音乐列表

7.3.1 技术准备

在线音乐播放器首页的推荐音乐列表采用了Layui栅格系统。为了丰富网页布局，简化HTML、CSS、JavaScript代码的耦合，提升终端的适配能力，Layui在2.0版本中引进了一套具有响应式能力的栅格系统。Layui的栅格采用业界比较常见的12等份规则，将容器进行了 12 等份，预设了 4×12 种 CSS 排列类，内置手机、平板、PC桌面中大型屏幕的多终端适配处理。

使用Layui提供的栅格系统，需要采用 layui-row 定义行，示例代码如下所示。

```
<div class="layui-row"></div>
```

在行内的栅格中采用 layui-col-md* 这样的预设类定义一组列，命名规则如下：
- layui-col-xs*：超小屏幕（<768 px），如手机。
- layui-col-sm*：小屏幕（≥768 px），如平板。
- layui-col-md*：中等屏幕（≥992 px），如普通PC桌面。
- layui-col-lg*：大型屏幕（≥1 200 px），如大型PC桌面。

上文中的*号表示该列所占用的等份数，可选值为1～12。
Layui栅格系统的示例代码如下所示。

```
<!DOCTYPE html>
<html lang="zh">
<head>
    <link rel="stylesheet" type="text/css" href="layui/css/layui.css"/>
</head>
<body>
    <div class="layui-row layui-col-space10">
        <div class="layui-col-md4">
            1/3
        </div>
        <div class="layui-col-md4">
            1/3
        </div>
        <div class="layui-col-md4">
            1/3
        </div>
    </div>
</body>
</html>
```

上述示例代码在浏览器中运行的效果如图7.8所示。

图 7.8 Layui 栅格系统效果

 7.3.2 代码实现

在线音乐播放器首页的推荐音乐列表实现代码如例7.3所示。

例 7.3 推荐音乐列表

demo/index.html

```html
<!DOCTYPE html>
<html>
<head>
    <meta charset="utf-8">
    <title>在线音乐播放器</title>
    <link rel="stylesheet" type="text/css" href="layui/css/layui.css"/>
    <link rel="stylesheet" type="text/css" href="css/index.css"/>
</head>
<body>
    <div class="music-layout">
        <!-- 推荐列表 -->
        <div class="hot-music">
            <div class="hot-title">
                新歌首发
                <span class="music-more">更多>></span>
            </div>
            <div class="layui-row hot-list">
                <div class="layui-col-md4 hot-music-container">
                    <div class="music-item">
                        <img src="image/music-01.jpg">
                        <div class="music-item-name">
                            <div class="music-name-text">
                                错位时空（五四版）
                            </div>
                            <div class="singer">
                                五四特别版
                            </div>
                        </div>
                    </div>
                    <div class="music-plays">
                        <span class="layui-icon layui-icon-heart-fill"></span>
                        <span class="play-number">16.0万</span>
```

```html
                </div>
            </div>
            <div class="layui-col-md4 hot-music-container">
                <div class="music-item">
                    <img src="image/music-02.jpg" >
                    <div class="music-item-name">
                        <div class=" music-name-text" >
                            Falling You
                        </div>
                        <div class="singer">
                            刘耀文
                        </div>
                    </div>
                </div>
                <div class="music-plays">
                    <span class="layui-icon layui-icon-heart-fill"></span>
                    <span class="play-number">12.0万</span>
                </div>
            </div>
            <div class="layui-col-md4 hot-music-container">
                <div class="music-item">
                    <img src="image/music-03.jpg" >
                    <div class="music-item-name">
                        <div class="music-name-text">
                            风月谣
                        </div>
                        <div class="singer">
                            小阿枫
                        </div>
                    </div>
                </div>
                <div class="music-plays">
                    <span class="layui-icon layui-icon-heart-fill"></span>
                    <span class="play-number">50.0万</span>
                </div>
            </div>
        </div>
        <div class="layui-row hot-list">
            <div class="layui-col-md4 hot-music-container">
                <div class="music-item">
                    <img src="image/music-04.jpg" >
                    <div class="music-item-name">
                        <div class="music-name-text">
                            西洲曲
```

```html
                </div>
                <div class="singer">
                    等什么君(邓寓君)
                </div>
            </div>
        </div>
        <div class="music-plays">
            <span class="layui-icon layui-icon-heart-fill"></span>
            <span class="play-number">21.1万</span>
        </div>
    </div>
    <div class="layui-col-md4 hot-music-container">
        <div class="music-item">
            <img src="image/music-05.jpg" >
            <div class="music-item-name">
                <div class="music-name-text">
                    I Love U
                </div>
                <div class="singer">
                    The Chainsmokers
                </div>
            </div>
        </div>
        <div class="music-plays">
            <span class="layui-icon layui-icon-heart-fill"></span>
            <span class="play-number">32.0万</span>
        </div>
    </div>
    <div class="layui-col-md4 hot-music-container">
        <div class="music-item">
            <img src="image/music-06.jpg">
            <div class="music-item-name">
                <div class="music-name-text">
                    I Ain't Worried
                </div>
                <div class="singer">
                    OneRepublic
                </div>
            </div>
        </div>
        <div class="music-plays">
            <span class="layui-icon layui-icon-heart-fill"></span>
            <span class="play-number">18.0万</span>
```

```html
                </div>
            </div>
        </div>
    </div>
</body>
</html>
```

推荐音乐列表CSS样式代码如下所示：

```css
/* 推荐列表 */
.hot-title {
    font-size: 26px;
    font-weight: 500;
    color: #000000;
    margin: 20px 0px 10px 0px;
    display: flex;
    align-items: center;
    justify-content: space-between;
    box-sizing: border-box;
    padding-right: 30px;
}

.music-more {
    font-size: 12px;
    color: #666666;
    cursor: pointer;
}

.hot-music-container {
    display: flex;
    align-items: center;
    justify-content: space-between;
    box-sizing: border-box;
    padding-right: 30px;
    margin: 10px 0px 20px 0px;
}

.hot-music {
    width: 60%;
    margin: 10px auto;
}

.music-item {
```

```css
    height: 50px;
    display: flex;
    align-items: center;
}

.music-item:hover {
    cursor: pointer;
}

.music-item img {
    height: 50px;
    width: 50px;
    margin-right: 10px;
}

.music-name-text {
    font-size: 14px;
    font-weight: 400;
}

.singer {
    font-size: 12px;
    font-weight: 400;
    color: rgb(0, 0, 0, 0.7);
    margin-top: 6px;
}
```

7.4 音乐播放

7.4.1 技术准备

HTML5提供了用于音频播放的audio标签，可以通过audio对象提供的属性和事件控制页面中音频的播放，其示例代码如下所示。

```html
<audio controls>
  <source src="horse.mp3" type="audio/mpeg">
</audio>
```

<audio>标签在 HTML4中是无效的，在audio标签内部通过source标签引入媒体资源。source标签为媒体元素定义媒体资源，可以规定多个音频文件供浏览器根据其支持的媒体类型或者编解码器进行选择。

audio标签支持的属性及说明见表7.2。

表 7.2 audio 标签的属性及说明

属 性 名 称	说　　明
autoplay	音频在就绪后马上播放
controls	向用户显示音频控件
loop	每当音频结束时重新开始播放
muted	音频输出为静音
preload	当网页加载时，音频是否默认被加载以及如何被加载
src	规定音频文件的 URL

audio标签支持的事件及说明见表7.3。

表 7.3 audio 标签的事件及说明

事 件 名 称	说　　明
onabort	当发生中止事件时运行脚本
oncanplay	当媒介能够开始播放但可能因缓冲而需要停止时运行脚本
oncanplaythrough	当媒介能够无须因缓冲而停止即可播放至结尾时运行脚本
ondurationchange	当媒介长度改变时运行脚本
onemptied	当媒介资源元素突然为空时（如网络错误、加载错误等）运行脚本
onended	当媒介已抵达结尾时运行脚本
onerror	当在元素加载期间发生错误时运行脚本
onloadeddata	当加载媒介数据时运行脚本
onloadedmetadata	当媒介元素的持续时间以及其他媒介数据已加载时运行脚本
onloadstart	当浏览器开始加载媒介数据时运行脚本
onpause	当媒介数据暂停时运行脚本
onplay	当媒介数据将要开始播放时运行脚本
onplaying	当媒介数据已开始播放时运行脚本
onprogress	当浏览器正在取媒介数据时运行脚本
onratechange	当媒介数据的播放速率改变时运行脚本
onreadystatechange	当就绪状态（ready-state）改变时运行脚本
onseeked	当媒介元素的定位属性不再为真且定位已结束时运行脚本
onseeking	当媒介元素的定位属性为真且定位已开始时运行脚本
onstalled	当取回媒介数据过程中（延迟）存在错误时运行脚本
onsuspend	当浏览器已在取媒介数据但在取回整个媒介文件之前停止时运行脚本
ontimeupdate	当媒介改变其播放位置时运行脚本
onvolumechange	当媒介改变音量抑或当音量被设置为静音时运行脚本
onwaiting	当媒介已停止播放但打算继续播放时运行脚本

使用JavaScript脚本控制audio播放的示例代码如下所示。

```html
<button onclick="playMusic()">播放<button>
<audio id="player" controls="controls" autoplay>
   <source src=".//music/1.mp3"/>
</audio>
<script>
   function playMusic() {
       var player=document.getElementById("player");

       if (player.paused){
          // 如果是暂停状态，执行播放
          player.play();
       }else {
          // 如果是播放状态，执行暂停
          player.pause();
       }
   }
</script>
```

7.4.2 代码实现

音乐播放页面中实现音频播放功能的实现代码如例7.4所示。

例 7.4 音乐播放功能

demo/play.html

```html
<!DOCTYPE html>
<html>
<head>
    <meta charset="utf-8">
    <title>正在播放</title>
    <link rel="stylesheet" type="text/css" href="css/base.css"/>
    <link rel="stylesheet" type="text/css" href="iconfont/iconfont.css"/>
    <link rel="stylesheet" type="text/css" href="layui/css/layui.css"/>
    <link rel="stylesheet" type="text/css" href="css/play.css"/>
</head>
<body>
    <div class="play-layout">
        <!-- 底部播放工具栏 -->
        <div class="play-tools">
            <div class="play-module">
                <span class="iconfont icon-shangyishou last-btn"></span>
                <span class="iconfont icon-bofang play-btn"></span>
                <span class="iconfont icon-zanting stop-btn"></span>
                <span class="iconfont icon-xiayishou next-btn"></span>
```

```html
            <div class="play-progress">
                <img src="image/music-011.jpg">
                <div class="progress-layout">
                    <div class="music-name">
                    </div>
                    <div id="progress-tool"></div>
                    <!-- 音频媒体标签 -->
                    <audio id="audio-play">
                       <source src="./music/cwsk.mp3" type="audio/mpeg">
                    </audio>
                </div>
            </div>
            <span class="iconfont icon-shengyin sound-btn"></span>
            <span class="iconfont icon-24gl-repeat2 round-btn"></span>
            <span class="iconfont icon-xiazai down-btn"></span>
            <span class="iconfont icon-fenxiang share-btn"></span>
        </div>
    </div>
</div>
<script src="js/jquery.min.js"></script>
<script src="layui/layui.js"></script>
<script src="js/play.js"></script>
</body>
</html>
```

音乐播放功能的JavaScript脚本实现代码如下所示：

```javascript
var sin;                                    // 进度条组件对象
layui.use(['element','slider'], function() {
    var element=layui.element;
    var slider=layui.slider;
    //渲染
    sin=slider.render({
        elem:'#progress-tool',              //绑定元素
        theme:'#11A4F0',                    //主题颜色
        setTips: function(value) {          //自定义提示文本
            return value+'%';
        }
    });
});

// 播放器事件
$(function() {
    var audio=document.getElementById('audio-play')
    audio.ontimeupdate=function(e) {
```

```js
            var mp3=e.target
            // 音乐总时长
            var total=mp3.duration
            // 播放进度
            var progress=mp3.currentTime
            // 换算
            var result=Math.ceil((progress/total)*100)
            // 设置进度条
            sin.setValue(result)
        }

        $('.play-btn').on('click', function() {
            audio.play()                        // 播放
            $(this).hide()
            $('.stop-btn').show()
        })

        $('.stop-btn').on('click', function() {
            audio.pause()                       // 暂停
            $(this).hide()
            $('.play-btn').show()
        })
    })
```

音乐播放功能的CSS样式实现代码如下所示：

```css
/* 底部播放工具栏 */
.play-tools {
    position: fixed;
    min-width: 940px;
    width: 100%;
    height: 80px;
    bottom: 0;
    z-index: 1000;
    background: rgba(33, 33, 33, 0.5);
    display: flex;
    align-items: center;
    justify-content: center;
    z-index: 100;
}

.play-module {
    width: 960px;
    height: 100%;
    display: flex;
```

```css
    align-items: center;
    justify-content: space-around;
    color: #B1B1B5;
}

.play-module span {
    font-size: 24px;
    cursor: pointer;
}

.stop-btn {
    display: none;
}

.play-btn,
.stop-btn {
    font-size: 40px !important;
    color: #FFFFFF !important;
}

/* 播放进度条 */
.play-progress {
    width: 600px;
    display: flex;
    align-items: center;
}

.play-progress img {
    width: 50px;
    height: 50px;
    border: 5px;
    margin-right: 20px;
}

.progress-layout {
    width: 530px;
    height: 40px;
    display: flex;
    flex-direction: column;
    justify-content: space-between;
}
```

当单击"播放"按钮▶时执行音乐播放任务，当单击"暂停"按钮⏸时执行暂停播放任务，音乐播放时会自动同步播放进度。例7.4的代码在浏览器中运行的效果如图7.9所示。

图 7.9　音乐播放工具栏

7.5　歌　词　展　示

7.5.1　技术准备

歌词展示区域的效果如图7.10所示。

图 7.10　歌词展示区域效果

歌词展示区域的背景效果使用了图片模糊处理，CSS提供了一系列Filter过滤函数，其中，blur(px)函数用于给图像设置高斯模糊，其参数的值越大，图像就越模糊，默认值为0。

通过CSS设置图像高斯模糊的示例代码如下所示。

```
<!DOCTYPE html>
<html lang="en">
<head>
    <style>
        img {
            width: 300px;
            filter: blur(10px);
        }
```

```
        img:hover {
            filter: blur(0);
        }
    </style>
</head>
<body>
    <img src="image/music-06.jpg">
</body>
</html>
```

未设置高斯模糊的图像效果如图7.11所示。

设置高斯模糊后的图像效果如图7.12所示。

图 7.11 高斯模糊前的效果

图 7.12 高斯模糊后的效果

在歌词展示区域，通过设置区域背景图片的高斯模糊实现目标效果。

7.5.2 代码实现

音乐播放页面中歌词展示区域的实现代码如例7.5所示。

例 7.5　歌词展示区域

demo/play.html

```
<!DOCTYPE html>
<html>
 <head>
    <meta charset="utf-8">
    <title>正在播放</title>
    <link rel="stylesheet" type="text/css" href="css/play.css"/>
 </head>
<body>
```

```html
        <div class="play-layout">
            <!-- 歌曲内容区域 -->
            <div class="music-content"></div>
            <div class="player-container">
                <div class="singer-content">
                    <img src="image/music-011.jpg">
                </div>
                <div class="song-content">
                    <div class="song-title">
                        错位时空（五四特别版）
                    </div>
                </div>
            </div>
        </div>
    </div>
    <script src="js/jquery.min.js"></script>
    <script src="music/song-words.js"></script>
    <script type="text/javascript">
        // 渲染歌词内容
        function renderSong(ws) {
            var arr=ws.split(/\n/g)
            arr.forEach(function(item) {
                $('.song-content').append('<p>'+item+'</p>')
            })
        }
        renderSong(words.trim())
    </script>
</body>
</html>
```

歌词展示区域的CSS样式实现代码如下所示：

```css
/* 歌曲内容区域 */
.music-content {
    /* background-color: pink; */
    width: 100%;
    height: calc(100%-60px);
    position: absolute;
    top: 0;
    left: 0;
    z-index: 9;
    background: url(../image/music-011.jpg);
    filter: blur(90px);
    display: flex;
    align-items: center;
    justify-content: center;
```

```css
        position: relative;
}

.player-container {
    width: 100%;
    height: calc(100%-60px);
    position: absolute;
    top: 0;
    left: 0;
    z-index: 100;
    display: flex;
    align-items: center;
    justify-content: center;
}

.singer-content {
    width: 400px;
    height: 260px;
    background-color: pink;
    margin-right: 80px;
    border-radius: 5px;
    overflow: hidden;
    box-shadow: 2px 3px 5px rgba(0, 0, 0, 0.3);
    position: relative;
}

.singer-content img {
    width: 100%;
    height: 100%;
}

.song-content {
    height: 500px;
    width: 400px;
    overflow-x: hidden;
    overflow-y: scroll;
    color: #FFFFFF;
}

.song-title {
    font-size: 20px;
    font-weight: 600;
    margin-bottom: 15px;
}
```

```css
.song-content p {
    margin: 10px 0px;
}

/* 修改滚动条样式 */
.song-content::-webkit-scrollbar {
    width: 7px;
}

.song-content::-webkit-scrollbar-thumb {
    border-radius: 10px;
    -webkit-box-shadow: inset 0 0 5px rgba(0, 0, 0, 0.4);
    background: rgba(0, 0, 0, 0.2);
}

.song-content::-webkit-scrollbar-track {
    -webkit-box-shadow: inset 0 0 5px rgba(0, 0, 0, 0);
    border-radius: 0;
    background: rgba(0, 0, 0, 0);
}

.player-active {
    color: #01E4FE;
}
```

小　　结

本单元主要讲解了仿酷狗音乐的在线音乐播放器的静态页面实现，项目采用了Layui前端UI库提供的元素和模块实现页面的部分功能，并结合HTML5的audio音频媒体标签和CSS的Filter过滤函数实现音乐播放页面。通过该项目的学习，基本掌握了PC端的页面开发流程和常见的布局方法，以及栅格系统在项目中的应用，并借助第三方UI框架实现前端项目的敏捷开发。

单元 8　实战：来享用点餐 App

视　频

来享用点餐App

学习目标

- 掌握 jQuery WeUI 库的用法；
- 掌握 Flex 弹性盒子布局；
- 掌握移动端 App 界面的布局方法。

来享用点餐 App 是基于 jQuery WeUI 库实现的移动端点餐应用。jQuery WeUI 是专为移动端开发而设计的一个简洁而强大的 UI 库，提供了 30 多种基础组件和拓展组件，如九宫格、表单、列表、卡片、对话框、幻灯片、下拉刷新等。丰富的组件库不仅可以极大减少前端开发时间，而且不会对项目所使用的框架和其他库有任何限制，jQuery WeUI 能够非常便捷地和任何前端框架结合使用。

来享用点餐 App 共包含首页、餐品列表、餐品详情、点餐清单、在线支付、用餐评价等六个页面，是一款餐厅点餐移动应用 App，可以节省餐厅服务的人力成本，同时为顾客提供便捷的下单方式，极大地提高用户的用餐体验。App 界面的视觉设计以便捷、实用为主要设计方向，整体界面设计简约大方，以绿色作为 App 的主色调，强调健康的经营理念。

8.1　点餐 App 首页

8.1.1　效果展示

进入来享用点餐App，首先呈现的是整个App的首页，效果如图8.1所示。

在首页布局设计中，主要采用Flex弹性盒子布局。在页面设计上，主要突出页面重点信息，将重点功能集中在页面的中部，便于快速查找。会员码、我的卡包、我的订单等用户信息部分，采用jQuery WeUI库的九宫格组件实现。

图 8.1 来享用点餐 App 首页

8.1.2 代码实现

来享用点餐App首页的代码分别位于demo/index.html和demo/css/index.css文件中，其代码如例8.1所示。

例 8.1 来享用点餐App首页

demo/index.html

```
<!DOCTYPE html>
<html>
<head>
    <meta charset="utf-8">
    <meta name="viewport" content="width=device-width,initial-scale=1,minimum-scale=1,maximum-scale=1,user-scalable=no" />
    <title>首页</title>
    <link rel="stylesheet" href="./jquery-weui/css/wei.min.css">
    <link rel="stylesheet" href="./jquery-weui/css/jquery-weui.min.css">
    <link rel="stylesheet" type="text/css" href="iconfont/iconfont.css"/>
    <link rel="stylesheet" type="text/css" href="./css/index.css"/>
</head>
<body>
    <div class="home-container">
```

```html
<!-- 店铺卡片 -->
<div class="shop-card-container">
    <div class="shop-card">
        <div class="shop-title">
            来享用自助餐厅
        </div>
        <div class="shop-address">
            <span class="iconfont icon-dingweixiao"></span>
            <span class="shop-address-text">
                北京市海淀区中关村大街1001号
            </span>
            <span class="iconfont icon-dianhua-yuankuang"></span>
        </div>
        <div class="shop-tips">
            营业中
        </div>
    </div>
</div>
<!-- 点餐按钮 -->
<div class="order-button">
    <div class="btn">
        <span class="iconfont icon-daochat"></span>
        <a class="btn-text" href="./meals-list.html">立即点餐</a>
    </div>
</div>
<!-- 用户信息 -->
<div class="weui-grids">
 <div class="weui-grid js_grid">
    <div class="weui-grid__icon">
      <span class="iconfont icon-erweima1"></span>
    </div>
    <p class="weui-grid__label">
      会员码
    </p>
 </div>
    <div class="weui-grid js_grid">
     <div class="weui-grid__icon">
      <span class="iconfont icon-kabao"></span>
     </div>
     <p class="weui-grid__label">
       我的卡包
     </p>
    </div>
```

```html
        <div class="weui-grid js_grid" style="border: 0;">
          <div class="weui-grid__icon">
            <span class="iconfont icon-dingdan"></span>
          </div>
          <p class="weui-grid__label">
              我的订单
          </p>
        </div>
</div>
<!-- 今日推荐 -->
<div class="recommend">
    <div class="recommend-title">
        今日推荐
    </div>
    <div class="recommend-list">
        <div class="recommend-item">
            <img src="image/f01.png" >
            <div class="recommend-item-title">
                <span>经典牛排</span>
                <span class="price">￥98.00</span>
            </div>
        </div>
        <div class="recommend-item">
            <img src="image/f02.png" >
            <div class="recommend-item-title">
                <span>意大利面</span>
                <span class="price">￥98.00</span>
            </div>
        </div>
        <div class="recommend-item">
           <img src="image/f03.png" >
            <div class="recommend-item-title">
                <span>咖喱油烟虾段</span>
                <span class="price">￥98.00</span>
            </div>
        </div>
        <div class="recommend-item">
            <img src="image/f04.png" >
            <div class="recommend-item-title">
                <span>鹅肝酱煎鲜贝</span>
                <span class="price">￥98.00</span>
            </div>
```

```html
                </div>
            </div>
        </div>
    </div>
    <script src="./js/jquery.min.js"></script>
    <script src="./jquery-weui/js/jquery-weui.min.js"></script>
</body>
</html>
```

demo/css/index.css

```css
/* 店铺卡片 */
.shop-card-container {
    background-color: #2AC79F;
    height: 150px;
    display: flex;
    align-items: center;
    justify-content: center;
    border-radius: 0px 0px 30% 30%;
}

.shop-card {
    position: relative;
    box-shadow: 2px 3px 5px rgba(0, 0, 0, 0.2);
    height: 120px;
    width: 80%;
    margin-top: 20%;
    background-color: #FFFFFF;
    border-radius: 8px;
    display: flex;
    flex-direction: column;
    justify-content: center;
}

.shop-title {
    text-indent: 20px;
    font-size: 16px;
    font-weight: 600;
    margin-bottom: 10px;
}

.shop-address {
    font-size: 12px;
```

```css
    text-indent: 20px;
    display: flex;
    align-items: center;
    color: #D0D0D0;
}

.iconfont.icon-dingweixiao {
    color: #2AC79F;
}

.iconfont.icon-dianhua-yuankuang {
    color: #FFA133;
}

.shop-tips {
    position: absolute;
    width: 50px;
    height: 20px;
    display: flex;
    align-items: center;
    justify-content: center;
    background-color: red;
    color: #FFFFFF;
    font-size: 12px;
    border-radius: 20px 0px 0px 20px;
    top: 20px;
    right: 0px;
}

/* 点餐按钮 */
.order-button {
    margin: 60px 0px 20px;
    height: 40px;
    display: flex;
    align-items: center;
    justify-content: center;
}

.order-button .btn {
    height: 100%;
    width: 60%;
    background-color: #2AC79F;
```

```css
    color: #FFFFFF;
    font-size: 14px;
    display: flex;
    align-items: center;
    justify-content: center;
    border-radius: 50px;
}

.btn-text {
    text-decoration: none;
    color: #FFFFFF;
    margin-left: 10px;
}

.weui-grids:before,
.weui-grid:before,
.weui-grid:after {
    border: 0px !important;
}

.weui-grids .weui-grid__label {
    color: #B3B3B3;
}

.iconfont.icon-erweima1 {
    font-size: 16px;
    color: #FA6861;
}

.iconfont.icon-kabao {
    font-size: 20px !important;
    color: #4BB2FE;
}

.iconfont.icon-dingdan {
    font-size: 20px !important;
    color: #FFA031;
}

/* 今日推荐 */
.recommend {
    box-sizing: border-box;
```

```css
    padding-left: 20px;
}

.recommend-title {
    font-size: 14px;
    font-weight: 600;
    text-indent: 15px;
    border-left: 4px solid #2AC79F;
    margin: 10px 0px;
}

.recommend-list {}

.recommend-item {
    height: 120px;
    display: flex;
    margin: 15px 0px;
}

.recommend-item img {
    width: 100%;
    height: 100%;
}

.recommend-item-title {
    display: flex;
    flex-direction: column;
    justify-content: space-between;
    margin-left: 15px;
    width: 300px;
}

.recommend-item-title .price {
    color: #FF6565;
}
```

8.2 餐品列表

8.2.1 效果展示

在来享用点餐App首页点击"立即点餐"按钮,即可打开餐品列表页。餐品列表采用的是两列布局，左侧为餐品分类导航，右侧为餐品列表，界面效果如图8.2所示。

图 8.2 餐品列表页面

8.2.2 代码实现

餐品列表的代码分别位于demo/meals-list.html和demo/css/meals-list.css文件中，其代码如例8.2所示。

 餐品列表页

demo/meals-list.html

```
<!DOCTYPE html>
<html>
<head>
    <meta charset="utf-8">
    <title>餐品列表</title>
    <meta name="viewport" content="width=device-width,initial-scale=1,minimum-scale=1,maximum-scale=1,user-scalable=no"/>
    <link rel="stylesheet" href="./jquery-weui/css/wei.min.css">
    <link rel="stylesheet" href="./jquery-weui/css/jquery-weui.min.css">
    <link rel="stylesheet" type="text/css" href="iconfont/iconfont.css"/>
    <link rel="stylesheet" type="text/css" href="css/meals-list.css"/>
```

```html
</head>
<body>
    <div class="meals-container">
        <!-- 顶部导航 -->
        <div class="top-bar">
            <span class="back-btn">&lt;</span>
            <span class="page-title">餐品列表</span>
        </div>
        <!-- 餐品列表 -->
        <div class="meals-list">
            <!-- 左侧分类导航 -->
            <div class="left-classify">
                <ul class="type-list">
                    <li class="type-item type-item-active">人气推荐</li>
                    <li class="type-item">经典牛排</li>
                    <li class="type-item">主食</li>
                    <li class="type-item">必点小吃</li>
                    <li class="type-item">酒水饮料</li>
                    <li class="type-item">推荐套餐</li>
                </ul>
            </div>
            <!-- 右侧美食列表 -->
            <div class="right-foods">
                <div class="foods-item">
                    <img src="image/f01.png" >
                    <div class="foods-item-dist">
                        <div class="foods-title">
                            经典牛排
                        </div>
                        <div class="foods-sub-tital">
                            人气特卖 美味鲜嫩
                        </div>
                        <div class="price-addbtn">
                            <span class="foods-price"> ￥98.00</span>
                            <span class="iconfont icon-jiahao2fill"></span>
                        </div>
                    </div>
                </div>
                <div class="foods-item">
                    <img src="image/f02.png" >
                    <div class="foods-item-dist">
                        <div class="foods-title">
```

```html
                    意大利面
                </div>
                <div class="foods-sub-tital">
                    人气特卖 美味鲜嫩
                </div>
                <div class="price-addbtn">
                    <span class="foods-price">￥98.00</span>
                    <span class="iconfont icon-jiahao2fill"></span>
                </div>
            </div>
        </div>
        <div class="foods-item">
            <img src="image/f03.png">
            <div class="foods-item-dist">
                <div class="foods-title">
                    咖喱油烟虾段
                </div>
                <div class="foods-sub-tital">
                    人气特卖 美味鲜嫩
                </div>
                <div class="price-addbtn">
                    <span class="foods-price">￥98.00</span>
                    <span class="iconfont icon-jiahao2fill"></span>
                </div>
            </div>
        </div>
        <div class="foods-item">
            <img src="image/f04.png" >
            <div class="foods-item-dist">
                <div class="foods-title">
                    鹅肝酱煎鲜贝
                </div>
                <div class="foods-sub-tital">
                    人气特卖 美味鲜嫩
                </div>
                <div class="price-addbtn">
                    <span class="foods-price">￥98.00</span>
                    <span class="iconfont icon-jiahao2fill"></span>
                </div>
            </div>
        </div>
    </div>
```

```html
            </div>
            <!-- 底部状态栏 -->
            <div class="footer-bar">
                <div class="total-money">
                    <span class="icon-layou">
                        <span class="sel-number">0</span>
                        <span class="iconfont icon-zaocan"></span>
                    </span>
                    ¥<span class="money-number">00.00</span>
                </div>
                <a class="accounts-button" href="./order.html">
                    去结算
                </a>
            </div>
        </div>
        <script src="./js/jquery.min.js"></script>
        <script src="./jquery-weui/js/jquery-weui.min.js"></script>
        <script type="text/javascript">
            $(function () {
                $('.back-btn').on('click', function () {
                    history.back()
                })
            })
        </script>
    </body>
</html>
```

demo/css/meals-list.css

```css
/* 顶部导航 */
.top-bar {
    width: 100%;
    height: 50px;
    display: flex;
    align-items: center;
    box-sizing: border-box;
    padding: 0px 20px;
    font-size: 14px;
    background-color: #2AC79F;
    color: #FFFFFF;
    position: fixed;
    top: 0;
    left: 0;
}
```

```css
.top-bar .page-title {
    display: inline-block;
    margin: 0px auto;
}

/* 餐品列表 */
.meals-list {
    display: flex;
    margin-top: 50px;
    padding-top: 10px;
}

.type-list {
    box-sizing: border-box;
    padding: 0px 10px;
    list-style: none;
    margin: 0px;
    padding: 0px;
}

.type-item {
    margin-bottom: 20px;
    font-size: 12px;
    border-left: 3px solid #FBFAFA;
    font-weight: 600;
    text-indent: 10px;
}

.type-item-active {
    border-left: 3px solid #2AC79F;
}

.left-classify {
    width: 20%;
    background-color: #FBFAFA;
}

.right-foods {
    width: 80%;
}

.foods-item {
```

```css
    width: 100%;
    height: 80px;
    overflow: hidden;
    display: flex;
    box-sizing: border-box;
    padding: 0px 10px;
    margin-bottom: 20px;
}

.foods-item img {
    width: 120px;
    /* height: 100px; */
}

.foods-item-dist {
    margin-left: 10px;
    display: flex;
    flex-direction: column;
    justify-content: space-between;
}

.foods-sub-tital {
    font-size: 12px;
    color: #CDCDCD;
}

.price-addbtn {
    width: 130px;
    display: flex;
    align-items: center;
    justify-content: space-between;
    color: #2AC79F;
}

/* 底部状态栏 */
.footer-bar {
    position: fixed;
    width: 100%;
    height: 50px;
    bottom: 0;
    left: 0;
    background-color: #2AC79F;
```

```css
    display: flex;
    align-items: center;
    color: #FFFFFF;
}

.total-money {
    width: 60%;
    height: 100%;
    display: flex;
    align-items: center;
    justify-content: center;
}

.accounts-button {
    width: 40%;
    height: 100%;
    border-left: 1px solid #FFFFFF;
    display: flex;
    align-items: center;
    justify-content: center;
    font-size: 14px;
    font-weight: 600;
    color: #FFFFFF;
}

.icon-layou {
    position: relative;
}

.sel-number {
    position: absolute;
    background-color: #FF6565;
    font-size: 12px;
    display: inline-block;
    height: 20px;
    width: 20px;
    display: flex;
    align-items: center;
    justify-content: center;
    border-radius: 50%;
    top: 0px;
```

```
        left: -10px;
    }

    .iconfont.icon-zaocan {
        font-size: 25px;
        margin-right: 15px;
    }
```

8.3 结算中心

8.3.1 效果展示

在餐品列表页的底部点击"去结算"按钮，即可进入结算中心页面。结算中心的页面的效果如图8.3所示。

图 8.3 结算中心页面

8.3.2 代码实现

结算中心的代码分别位于demo/order.html和demo/css/order.css两个文件，其代码如例8.3所示。

例 8.3　结算中心页

demo/order.html

```html
<!DOCTYPE html>
<html>
<head>
    <meta charset="utf-8">
    <title>结算中心</title>
    <meta name="viewport" content="width=device-width,initial-scale=1,
minimum-scale=1,maximum-scale=1,user-scalable=no"/>
    <link rel="stylesheet" href="./jquery-weui/css/wei.min.css">
    <link rel="stylesheet" href="./jquery-weui/css/jquery-weui.min.css">
    <link rel="stylesheet" type="text/css" href="iconfont/iconfont.css"/>
    <link rel="stylesheet" type="text/css" href="css/order.css"/>
</head>
<body>
    <div class="order-container">
        <!-- 顶部导航 -->
        <div class="top-bar">
            <span class="back-btn">&lt;</span>
            <span class="page-title">结算中心</span>
        </div>
        <!-- 订单详情 -->
        <div class="order-details">
            <div class="order-title">
                订单详情
            </div>
            <div class="order-list">
                <div class="order-item">
                    <div class="foods-img-title">
                        <img src="image/f01.png" >
                        <span class="foods-title">
                            经典牛排
                        </span>
                    </div>
                    <div class="order-number">
                        *1
                    </div>
                    <div class="foods-price">
                        ¥98.00
                    </div>
                </div>
                <div class="order-item">
                    <div class="foods-img-title">
```

```html
                <img src="image/f02.png" >
                <span class="foods-title">
                    意大利面
                </span>
            </div>
            <div class="order-number">
                *2
            </div>
            <div class="foods-price">
                ¥98.00
            </div>
        </div>
        <div class="order-item">
            <div class="foods-img-title">
                <img src="image/f03.png" >
                <span class="foods-title">
                    咖喱油烟虾段
                </span>
            </div>
            <div class="order-number">
                *1
            </div>
            <div class="foods-price">
                ¥98.00
            </div>
        </div>
    </div>
</div>
<!-- 备注信息 -->
<div class="weui-cells">
    <a class="weui-cell weui-cell_access" href="javascript:;">
        <div class="weui-cell__bd">
            <p>订单备注</p>
        </div>
        <div class="weui-cell__ft">
            口味、偏好
        </div>
    </a>
    <a class="weui-cell weui-cell_access" href="javascript:;">
        <div class="weui-cell__bd">
            <p>餐具份数</p>
        </div>
        <div class="weui-cell__ft">
            未选择
```

```html
            </div>
          </a>
          <a class="weui-cell weui-cell_access" href="javascript:;">
            <div class="weui-cell__bd">
              <p>发票信息</p>
            </div>
            <div class="weui-cell__ft">
                请到前台办理
            </div>
          </a>
      </div>
      <!-- 底部状态栏 -->
      <div class="footer-bar">
          <div class="total-money">
              <span class="icon-layou">
                  共计:
              </span>
              ¥<span class="money-number">392.00</span>
          </div>
          <div class="accounts-button" href="./order.html">
              立即支付
          </div>
      </div>
      <!-- 模拟支付的loading效果 -->
      <div id="loadDiv" style="display: none;" class="weui-toast weui_loading_toast weui-toast--visible">
          <div class="weui_loading">
              <i class="weui-loading weui-icon_toast"></i>
          </div>
          <p class="weui-toast_content">正在支付</p>
      </div>
  </div>
  <script src="./js/jquery.min.js"></script>
  <script src="./jquery-weui/js/jquery-weui.min.js"></script>
  <script type="text/javascript">
      $(function() {
          $('.back-btn').on('click', function() {
              history.back()
          })
          $('.accounts-button').on('click', function() {
              $("#loadDiv").show();
              setTimeout(function() {
                  $("#loadDiv").hide();
                  $.toast("支付成功");
```

```
                    location.href='./pay-result.html'
                }, 3000)
            })
        })
    </script>
</body>
</html>
```

demo/css/order.css

```css
/* 顶部导航 */
.top-bar {
    width: 100%;
    height: 50px;
    display: flex;
    align-items: center;
    box-sizing: border-box;
    padding: 0px 20px;
    font-size: 14px;
    background-color: #2AC79F;
    color: #FFFFFF;
    position: fixed;
    top: 0;
    left: 0;
}

.top-bar .page-title {
    display: inline-block;
    margin: 0px auto;
}

/* 订单详情 */
.order-details {
    box-sizing: border-box;
    padding: 0px 20px;
    margin-top: 60px;
}

.order-title {
    font-size: 14px;
    font-weight: 600;
    color: #5D5D5D;
}

.order-item {
```

```css
    display: flex;
    align-items: center;
    justify-content: space-between;
    width: 100%;
    height: 30px;
    margin: 20px 0px;
    font-size: 12px;
}

.foods-img-title {
    display: flex;
    align-items: center;
}

.foods-img-title img {
    width: 50px;
    height: 40px;
    margin-right: 10px;
    border-radius: 3px;
}

/* 备注信息 */
.weui-cells {
    margin-top: 30px;
    border-top: 10px solid #eee;
    font-size: 12px !important;
}

.weui-cells p {
    font-weight: 600 !important;
}

/* 底部状态栏 */
.footer-bar {
    position: fixed;
    width: 100%;
    height: 50px;
    bottom: 0;
    left: 0;
    background-color: #2AC79F;
    display: flex;
    align-items: center;
    color: #FFFFFF;
}
```

```css
.total-money {
    width: 60%;
    height: 100%;
    display: flex;
    align-items: center;
    justify-content: center;
}

.accounts-button {
    width: 40%;
    height: 100%;
    border-left: 1px solid #FFFFFF;
    display: flex;
    align-items: center;
    justify-content: center;
    font-size: 14px;
    font-weight: 600;
    color: #FFFFFF;
}

.icon-layou {
    position: relative;
}

.sel-number {
    position: absolute;
    background-color: #FF6565;
    font-size: 12px;
    display: inline-block;
    height: 20px;
    width: 20px;
    display: flex;
    align-items: center;
    justify-content: center;
    border-radius: 50%;
    top: 0px;
    left: -10px;
}

.iconfont.icon-zaocan {
    font-size: 25px;
    margin-right: 15px;
}
```

8.4 在线支付

8.4.1 效果展示

在结算中心页面的底部点击"立即支付"按钮,即可弹出"正在支付"弹框,这个过程是模拟用户支付的操作,效果如图8.4所示。

等待支付成功后,即可进入支付结果页面。支付结果页面有上下两个版块,上方版块显示支付结果和订单号等信息,可以通过"返回首页"按钮返回到App的首页。支付结果页面下方版块显示当前订单的详情信息,包括点餐的菜品,优惠金额和支付金额等结算信息。支付结果页面效果如图8.5所示。

图 8.4　模拟在线支付效果

图 8.5　支付结果页面

8.4.2 代码实现

在线支付结果页面的代码分别位于demo/pay-result.html和demo/css/pay-result.css文件中,其代码如例8.4所示。

 例 8.4　在线支付结果页

demo/pay-result.html

```
<!DOCTYPE html>
<html>
<head>
```

```html
        <meta charset="utf-8">
        <title>支付结果</title>
        <meta name="viewport" content="width=device-width,initial-scale=1,
minimum-scale=1,maximum-scale=1,user-scalable=no" />
        <link rel="stylesheet" href="./jquery-weui/css/wei.min.css">
        <link rel="stylesheet" href="./jquery-weui/css/jquery-weui.min.css">
        <link rel="stylesheet" type="text/css" href="iconfont/iconfont.css"/>
        <link rel="stylesheet" type="text/css" href="css/pay-result.css"/>
</head>
<body>
        <div class="result-container">
            <!-- 顶部导航 -->
            <div class="top-bar">
                <span class="back-btn">&lt;</span>
                <span class="page-title">支付结果</span>
            </div>
            <!-- 支付结果 -->
            <div class="weui-msg">
              <div class="weui-msg__icon-area">
                  <i class="weui-icon-success weui-icon_msg" style="color:
#2AC79F;"></i>
              </div>
              <div class="weui-msg__text-area">
                  <h2 class="weui-msg__title">支付成功</h2>
                  <p class="weui-msg__desc">订单号：20220522121739148</p>
              </div>
              <div class="weui-msg__opr-area">
                  <p class="weui-btn-area">
                      <a href="comment.html" class="weui-btn weui-btn_primary
comment-btn">就餐评价</a>
                      <a href="index.html" class="weui-btn weui-btn_default">返回首
                      页</a>
                  </p>
              </div>
            </div>
            <!-- 订单信息 -->
            <div class="weui-form-preview">
              <div class="weui-form-preview__hd">
                  <label class="weui-form-preview__label">付款金额</label>
                  <em class="weui-form-preview__value">￥392.00</em>
              </div>
              <div class="weui-form-preview__bd">
                  <div class="weui-form-preview__item">
                      <label class="weui-form-preview__label">商品</label>
                      <span class="weui-form-preview__value">
                          <ul>
```

```html
                    <li>经典牛排 *1</li>
                    <li>意大利面 *2</li>
                    <li>咖喱油烟虾段 *1</li>
                </ul>
            </span>
        </div>
        <div class="weui-form-preview__item">
            <label class="weui-form-preview__label">优惠金额</label>
            <span class="weui-form-preview__value">￥00.00</span>
        </div>
        <div class="weui-form-preview__item">
            <label class="weui-form-preview__label">总金额</label>
            <span class="weui-form-preview__value">￥392.00</span>
        </div>
      </div>
    </div>
  </div>
  <script src="./js/jquery.min.js"></script>
  <script src="./jquery-weui/js/jquery-weui.min.js"></script>
  <script type="text/javascript">
      $(function () {
          $('.back-btn').on('click', function () {
              history.back()
          })
      })
  </script>
</body>
</html>
```

demo/css/pay-result.css

```css
/* 顶部导航 */
.top-bar {
    width: 100%;
    height: 50px;
    display: flex;
    align-items: center;
    box-sizing: border-box;
    padding: 0px 20px;
    font-size: 14px;
    background-color: #2AC79F;
    color: #FFFFFF;
    position: fixed;
    top: 0;
    left: 0;
}
```

```
.top-bar .page-title {
    display: inline-block;
    margin: 0px auto;
}

/* 支付结果 */
.weui-msg {
    margin-top: 50px;
}

.comment-btn {
    background-color: #2AC79F !important;
}
```

8.5 就餐评价

8.5.1 效果展示

在支付结果页面提供了一个"就餐评价"按钮，点击该按钮即可进入就餐评价页面。在支付结果页面中，顾客可以从整体评价、环境评价、菜品评价、服务评价等四个维度对整个就餐过程进行评价。就餐评价页面使用了星级评分按钮组件，点击星级评分组件，可以对当前评价维度进行评分，页面效果如图8.6所示。

评分完毕后，点击"提交评分"按钮，即可提交用户的评价结果，并弹出提交成功的提示，效果如图8.7所示。

图 8.6　就餐评价页面

图 8.7　提交评价

8.5.2 代码实现

就餐评价页面的代码分别位于demo/comment.html、demo/js/comment.js和demo/css/comment.css文件中,其代码如例8.5所示。

例8.5 就餐评价页

demo/comment.html

```
<!DOCTYPE html>
<html>
<head>
    <meta charset="utf-8">
    <title>就餐评价</title>
    <meta name="viewport" content="width=device-width,initial-scale=1,
minimum-scale=1,maximum-scale=1,user-scalable=no" />
    <link rel="stylesheet" href="./jquery-weui/css/wei.min.css">
    <link rel="stylesheet" href="./jquery-weui/css/jquery-weui.min.css">
    <link rel="stylesheet" type="text/css" href="iconfont/iconfont.css"/>
    <link rel="stylesheet" type="text/css" href="css/comment.css"/>
</head>
<body>
    <div class="comment-container">
        <!-- 顶部导航 -->
        <div class="top-bar">
            <span class="back-btn">&lt;</span>
            <span class="page-title">就餐评价</span>
        </div>
        <!-- 评分 -->
        <div class="comment-number">
            <div class="comment-item">
                <div class="comment-type">
                    整体评价
                </div>
                <div id="star-1"></div>
            </div>
            <div class="comment-item">
                <div class="comment-type">
                    环境评价
                </div>
                <div id="star-2"></div>
            </div>
            <div class="comment-item">
                <div class="comment-type">
                    菜品评价
```

```
            </div>
            <div id="star-3"></div>
        </div>
        <div class="comment-item">
            <div class="comment-type">
                服务评价
            </div>
            <div id="star-4"></div>
        </div>
        <div class="submit-btn">
            提交评价
        </div>
    </div>
</div>
<script src="./js/jquery.min.js"></script>
<script src="./raty/jquery.raty.min.js" type="text/javascript" charset="utf-8"></script>
<script src="./jquery-weui/js/jquery-weui.min.js"></script>
<script src="./js/comment.js" type="text/javascript" charset="utf-8"></script>
</body>
</html>
```

demo/comment.js

```
$(function() {
    // 返回首页
    $('.back-btn').on('click', function() {
        history.back()
    })

    // 提交评价
    $('.submit-btn').on('click', function() {
        $.toast("提交成功", 2000);
    })

    // 初始化评分组件
    $.fn.raty.defaults.path='raty/img';
    $('#star-1').raty({
        number: 5
    });
    $('#star-2').raty({
        number: 5
    });
    $('#star-3').raty({
```

```
        number: 5
    });
    $('#star-4').raty({
        number: 5
    });
})
```

demo/css/comment.css

```css
/* 顶部导航 */
.top-bar {
    width: 100%;
    height: 50px;
    display: flex;
    align-items: center;
    box-sizing: border-box;
    padding: 0px 20px;
    font-size: 14px;
    background-color: #2AC79F;
    color: #FFFFFF;
    position: fixed;
    top: 0;
    left: 0;
}

.top-bar .page-title {
    display: inline-block;
    margin: 0px auto;
}

/* 评分 */
.comment-number {
    margin-top: 60px;
}

.comment-item {
    margin: 20px;
}

.comment-number,
.comment-item {
    display: flex;
    flex-direction: column;
    justify-content: center;
    align-items: center;
}
```

```css
.comment-type {
    margin-bottom: 10px;
    font-size: 14px;
    font-weight: 600;
}

.submit-btn {
    margin: 20px auto;
    width: 200px;
    height: 40px;
    line-height: 40px;
    text-align: center;
    color: #FFFFFF;
    background-color: #2AC79F;
    border-radius: 20px;
}
```

小　　结

本单元主要讲解了来享用点餐App项目的静态界面的实现，项目采用jQuery WeUI库作为基础组件样式，并结合Flex弹性盒子布局，实现页面的整体布局效果。通过该项目的实战学习，读者能够基本掌握移动端项目的前端开发流程，并建立前端组件化思想，使用组件库可以极大地提升开发效率。

习题参考答案

参 考 文 献

[1] 达克特. JavaScript & jQuery 交互式Web前端开发[M]. 杜伟，柴晓伟，涂曙光，译. 北京：清华大学出版社，2015.
[2] 千锋教育高教产品研发部. jQuery开发实战：慕课版[M]. 北京：人民邮电出版社，2020.